神秘的宇宙

The Mysterious Universe

[英] 詹姆斯·金斯　著
郭天鹏　贾　康　译

中国科学技术出版社
华 语 教 学 出 版 社
·北　京·

图书在版编目（CIP）数据

神秘的宇宙 / (英) 詹姆斯 · 金斯著；郭天鹏，贾康译 . -- 北京 : 中国科学技术出版社 : 华语教学出版社，2024. 11. -- ISBN 978-7-5236-0864-7（2025.10 重印）

Ⅰ. P159-49

中国国家版本馆 CIP 数据核字第 2024SV8163 号

总 策 划	秦德继
策划编辑	张敬一　林镇南　张锡鹏
责任编辑	夏凤金
特约编审	刘丽刚
封面设计	末末美书
正文设计	中文天地
责任校对	邓雪梅
责任印制	马宇晨

出　　版	中国科学技术出版社　华语教学出版社
发　　行	中国科学技术出版社有限公司
地　　址	北京市海淀区中关村南大街16号
邮　　编	100081
发行电话	010-62173865
传　　真	010-62173081
网　　址	http://www.cspbooks.com.cn

开　　本	880mm × 1230mm　1/32
字　　数	89千字
印　　张	4
版　　次	2024年11月第1版
印　　次	2025年10月第2次印刷
印　　刷	河北鑫兆源印刷有限公司
书　　号	ISBN 978-7-5236-0864-7 / P · 240
定　　价	59.00元

译　序

相问于星河

南海之帝为倏，北海之帝为忽，中央之帝为浑沌。倏与忽时相与遇于浑沌之地，浑沌待之甚善。倏与忽谋报浑沌之德，曰："人皆有七窍以视听食息，此独无有，尝试凿之。"日凿一窍，七日而浑沌死。

——《庄子·应帝王》

哲学是个很奇妙的东西，庄子的这段小文并不难理解，"浑沌"就是宇宙的开始，"倏"和"忽"都代表着很短的时间，连起来的意思就是：自时间诞生那一刻起，在很短的时间内，宇宙混沌不清的状态就不复存在了。

我们不知道庄子是怎样想象到这一切的，但巧合的是，就现有的科学认知而言，庄子所言基本正确。其实，在历史上这种巧合还有很多。

诗圣杜甫在《赠卫八处士》的开头写道："人生不相见，动如参与商。”诗句背后是先贤们历经成百上千年的天文探索，不排除是为了更好地流传知识，所以古人们常常将这些科学知识编成各种各样的小故事。

《左传·昭公元年》里有这样一则故事：“昔高辛氏有二子，伯曰阏伯，季曰实沈，居于旷林，不相能也。日寻干戈，以相征讨。后帝不臧，迁阏伯于商丘，主辰。商人是因，故辰为商星。迁实沈于大夏，主参。唐人是因，以服事夏、商。”

上面这段话的意思就是，黄帝的曾孙帝喾有两个儿子，大儿子叫阏伯，二儿子叫实沈，两人性情不合，闲着没事儿就要打一架，所以帝喾就把阏伯赶到商丘，对应商星也就是心宿二；把实沈赶到大夏，对应参星也就是参宿一、二、三。

猎户座腰带上的三星就是参宿一、二、三。希腊神话里有个故事：阿尔忒弥斯的情人俄里翁自称手里的大棒能消灭一切动物，阿尔忒弥斯的双胞胎兄弟阿波罗不开心了，于是派蝎子去杀俄里翁。刺杀没有成功，猎户座和天蝎座自此成为仇家，永不相见。

最早的科学就是这样，基本上都隐藏在神学里：天蝎座是夏季星座，猎户座是冬季星座，参宿一和心宿二的赤经相差几乎正好是 180 度，二者你升我落，于是民间就流传着“参商不相见”的说法。

为了把科学从神学中解放出来，科学家们中蹚过了一条又一条曾经神秘无比的河。近代以来第一个涉水过河的人，首推尼古拉·哥白尼。他的身后，是一个接一个的伟人，在伟人的身后，是另一条璀璨夺目的河。

那是一条科学的星河，指引我们穿越历史的深邃与广阔，照亮人类探索真理的道路，星河里有我们关于宇宙、自然乃至人性的理解！

星河的语言无疑是数学！从古埃及人的几何测量到毕达哥拉斯学派认为的“万物皆数”，从欧几里得的《几何原本》到阿基米德的浮力定律，数学以其独特的精确性与抽象性，不仅帮人们解决了一个又一个实际的问题，更为一切科学提供了表述和推理的基础框架，深刻地影响着人们对世界的认知方式。仿佛数学就是那个默默无闻而又无处不在的哲人，静静地在思想的长河中穿梭着，引导着科学思维的航向。

星河里与数学如影随形的则是物理！从亚里士多德的自然哲学到伽利略的实验方法，从牛顿经典力学一统天下到麦克斯韦方程组点亮电气时代的微光……直到爱因斯坦的相对论重新定义时间和空间，量子力学推开了微观粒子世界的大门，人们对时空、物质乃至对因果关系的理解都有了天翻地覆的变化。物理和数学就像一对孪生兄弟，数学总能抽象出各种各样“好玩”“深邃”“纯粹”“烧脑”的东西，而物理则为数学的应用提供了肥沃的土壤，让数学绽放出难以想象的魅力。甚至黎曼、庞加莱等科学家在纯数学领域的探索最终也成为理解宇宙结构、量子场论的终极神器。

也许正因如此，科学、哲学、玄学才永远纠缠不清。物理学的每一次革命性突破都会带来类似的结果，我们被迫放弃了直觉的引领，转而遵循数学推导这种不受主观感受影响的研究方法。每一个新理论的提出，既是对旧体系的完善，也是新探索的一个起点，思想的河流因此而奔腾不息。

星河里既有牛顿三大定律、爱因斯坦相对论、杨－米尔斯方程等的繁星点点，更有对未来探索的邀约——长河就那样流淌着，引领我们进入更加复杂、更加神秘的科学领域，如量子计算、弦理论或者暗物质与暗能量……

一代又一代的科学家们不惧“小马过河”，甚至兴奋于“知识之河越来越浩渺无垠、千回百转”，走过旧日的心物二元论，走过曾经的“机械之王”，人们甚至一度接近证明“物质起源于意识，物质是意识的表征”。就像作者一样开始庆幸：

“也许，我们并不是宇宙的不速之客或他乡游子，我们仿佛可以想象，当原始黏土中毫无生气的原子开始孕育生命时，它们并没有离宇宙远去，反而进一步接近了宇宙的本性。

“至少在今天，我们可以鼓足勇气，写下这揣测的结论——是的，严格地说，本书中的一切都是揣测，我们努力用今天的科学回答了一些很难的问题，但谁也不知道知识之河还会转多少次弯，再或许那些问题本身就是人类智力无法企及的。

“我们只能说，在茫茫的暗夜里，科学家们努力凝视着一点黯淡的微光，再或许那甚至真的只是幻象吧！知识之河依然在蜿蜒曲折着，科学之舟漂流其上，只知道‘生也有涯，而知也无涯’，或许科学从来就没想过旅程的终点，有的只是无尽的探索。”

郭天鹏

2024 年于上海

前　言

▸▸ **PREFACE**

1930年11月，我曾经在剑桥大学著名的瑞德讲座上聊了一些关于宇宙的东西，这本书就是在那次演讲的基础上增补而成。

大家普遍相信，新的天文学和物理学知识注定会引发哲学上的巨变，一切关于宇宙和生命的看法都可能会发生翻天覆地的变化。不过在此之前，应该先让科学知无不言言无不尽，把那些已经确定的东西和还在猜测的想法解释清楚，那样我们才有可能合理地讨论更深层次的哲学问题。

写下这本书时，我心里就是这么想的。关于这个主题的论述有很多，我甚至常常怀疑，自己是否真的有必要再添一笔。老实说，我并没有什么特殊的资格来评判这一切，如果说优势，可能算是有一点点“旁观者清”吧！

我没有受过严格的哲学训练，当然也不可能进入哲学家的小圈子里；物理方面也是如此，多年以来，我的研究从不曾处于理论物理争论的中心。

本书前四章是书的主体内容，既是关于宇宙、现代物理、辐射、相对论等我感兴趣的科学综述，也可以算是《环绕我们的宇宙》之续集，更是最后一章讨论终极哲学的必要铺垫。

最后一章当然就是关于科学和哲学的讨论，每个人都有权从现代科学提供的事实中得出自己的结论——书中所记自然是我的结论。我是一个哲学领域的新人，如果诸君并不认同我的看法，那着实没什么好奇怪的。

这本书正是为了启发大家的思考和讨论而写，加油！

詹姆斯·金斯

1931 年 7 月 1 日于多尔金

目　录

▸▸ CONTENTS

第一章
正在消逝的太阳

人们常说“繁星点点，数不胜数”，事实也的确如此。宇宙中的恒星可能和地球上的沙子一样多，极少数恒星和地球差不多大，但大多数恒星都很大，大到能装下几十万个地球还绰绰有余。甚至还有所谓的巨星，体积之大足以容纳数百万个地球。而我们所居住的地球，在这广袤无垠的宇宙中，犹如沧海一粟，微不足道。

在广袤无垠的宇宙中，群星各自在太空中悠然游荡。偶尔，我们确实能观察到所谓的双星系统、三星系统，它们犹如宇宙中的旅行者结伴而行。然而，绝大多数的恒星都如同孤独的航海者，各自在星辰大海中踽踽独行。宇宙是如此浩渺无垠，两颗星星的相遇几乎是一种不可能发生的奇迹。在大多数情况下，这些恒星之间的距离遥远到令人咋舌，最近也要超过100万英里[①]。也正因如此，尽管宇宙中繁星点点，但彼此相遇的机会却微乎其微。

---

① 1英里≈1.609千米。——编者注

不过我们相信，这种小概率事件的确发生过。那是在大约20亿年前，一颗恒星在太空中自顾自游荡着，碰巧来到了离太阳不远的地方。大家都知道，太阳和月亮会引起地球上的潮汐，那颗远道而来的恒星也在太阳上引起了潮汐。那股巨大的潮汐，在太阳表面掀起了滔天巨浪，使得太阳表面慢慢隆起了一座硕大无比的山。恒星越来越近，山也越来越高。后来，恒星又慢慢地走了，不过走之前的潮汐力也是最大的，以至于这座山最终破裂成无数的碎片，就像在海浪顶部抛洒出的浪花。那些小碎片就这样被甩了出来，绕着太阳转啊转，慢慢就成了大小不一的行星，我们的地球就是其中之一。

太阳和我们在天空中看到的其他恒星一样，都很热，热到生命无法生存。毫无疑问，当太阳的碎片第一次被抛出时也是如此。随着时间的推移，这些碎片逐渐冷却，现在那些热量已然慢慢耗尽，几乎所有的热量都来自太阳辐射。时光荏苒，我们不知道这些碎片上何时开始萌生生命，更不知道这些生命如何产生及为什么会产生。生命的奥秘在于其不可思议的演变过程，最初是简单的生物体，它们的生命能力仅限于繁殖和消亡。但从这些原始的小东西开始，生命之流渐渐汹涌，它在越来越复杂的过程中不断发展，最终形成了有情感、有抱负、有审美的人，甚至还产生了宗教——人们用它来寄托梦想、祈愿希望。

尽管并不能百分百地确定，但关于人类的诞生，这确乎是最可能的一种假设。时至今日，我们凝望着一粒粒沙尘的碎屑，想着古往今来，探寻着关于宇宙的一切，第一感觉就是恐惧。这个宇宙甚是可怕，因为它太大了——空间上它无边无际，时间上它悠久漫长。相比之下，人类的历史显得微不足道。我们同时又极度孤独，地球家园只是亿万粒沙子中最微不足道的一粒。更为关键的是，宇宙似乎对生命毫无兴趣，情感、抱负、成就、艺术、宗教……这一切貌似都与它的计划格格不入。

也许我们不得不承认，宇宙似乎对生命充满了敌意。在大多数情况下，空旷的宇宙空间是如此寒冷，以至于一切生命都会被冻结；在空间中点缀的大部分物质又是如此炎热，热到根本无法让生命存在。各种各样的辐射川流不息，一个个天外流星络绎不绝，这一切都是对生命的巨大挑战与威胁。

我们真是跌跌撞撞地进入了这样一个宇宙——纵使不是什么错误，至少也算是一场意外了。使用这样一个词并不意味着地球有什么不一样的惊喜——只要宇宙的历史足够悠久，各种可以想象的意外事件均有可能发生。赫胥黎[①]就说过，让六只猴子随机打上几百万年的字，它们迟早能敲出大英博物馆里所有的书。

如果我们细细检查，说不定某只猴子打出的某一页可能正好是莎士比亚的十四行诗呢！这的确是个了不起的意外，不过你再看看其他几百万页，就会知道这个美丽的意外真的只是大海捞针般的巧合而已。与此类似，数以百万计的恒星在太空中漂泊了数百万年，什么意外都有可能发生，正是这些可能性中的一次特殊组合，促成了行星系统的形成。计算显示，那些在夜空中闪耀的

① 赫胥黎（Huxley），英国著名博物学家、生物学家、教育家，著有《人类在自然界的位置》《天演论》等。——译者注

星星，拥有行星系统的恒星并不多见——行星系统一定是太空中极为罕见的。

这种极为罕见的系统对于生命的起源却有至关重要的意义。据我们所知，地球上的生命仅能在类似地球的行星环境中诞生。生命的孕育需要满足一系列极为苛刻的物理条件，其中最为关键的是保持物质处于液态所需的适宜温度。

恒星本身太热了，自然没有这样的资格。它们是遍布无垠宇宙中的炽热火种，这里的温度最多比绝对零度高 4 度。顺带说一句，按华氏度计算，这个温度大约是零下 480 度，在银河系以外的深邃空间中，温度甚至更低。恒星就像一团团大火，远离大火的地方是难以想象的严寒，而靠近大火的地方则是数千度的酷暑，所有的固体都会融化，所有的液体都会沸腾。

生命只可能出现在一条“非常窄的温度带”上，这条“温度带”与恒星的距离要恰到好处——既不可过于寒冷，也不可过于炽热。

在这些区域之外，生命就会被冻结，而更靠近恒星的里面，生命也会因承受不住热量而枯萎。粗略的计算表明，所有可能存在生命的区域加在一起也不到整个宇宙的十亿分之一。而在这十亿分之一里，也只是有可能会出现生命，事实上生命出现的概率微乎其微。像太阳这样能够孕育出行星的恒星并不多见，可能只有大约十万分之一的恒星才在合适的“温度带”上有着自己的行星。

所以，如果说宇宙设计的初衷就在于孕育与我们自身类似的生命，那真的多少有些自作多情。如果真是那样，我们肯定希望在机体大小和数量上找个合适的比例。而现在乍一看，生活完全就是一种无足轻重的副产品，我们这些生物不知怎的已偏离了主线。

关于生命产生的物理条件，目前尚未有确凿证据表明，只要条件合适就必然会孕育出生命。一些人认为，随着地球逐渐冷却，生命的诞生是自然而然的结果，事实上也几乎不可避免。而另一些人则认为，地球的诞生本身就是一个意外，生命的产生同样需要另一次意外事件作为触发机制。

生命的本质就是那些寻常的化学原子，比如烟灰或油烟中常见的碳，比如水里常见的氢和氧，再比如大气中最多的氮……有生命的星球上一定早就有这些构成生命所必需的原子，这些原子还得按照生命所需的方式排列起来。

当然，只要有足够的时间，这是迟早的事情，正如六只猴子在足够的时间内能够敲击出莎士比亚的十四行诗。那结果一定会产生一个活细胞吗？换句话说，活细胞是否仅仅是原子以特殊方式排列的产物，其中是否还蕴含着我们尚未了解的秘密？它仅仅是原子的组合，还是原子与生命的共同体现？再或者，一个技艺高超的化学家是否能用必要的原子创造生命，然后再让它正常运行呢？

众所周知，一个小男孩很容易就可以用麦卡诺（Meccano①）

① Meccano，商标名，主要是钢铁组合的模型玩具。——译者注

组装出一台玩具机器，它还能跑呢！但生命也是这样吗？我们并不知道。也许有一天，科学会告诉我们答案，告诉我们太空中的其他地方是否也有人居住。那一定是个轰动世界的大日子，堪比伽利略在天文学领域的革命性发现，抑或达尔文提出的进化论带来的思想革命。

然而，我们虽然知道生命是由非常普通的原子组成的，但这些原子并不会直接组成生命，它们大多数都有些特殊的能力，会先结合成很大的原子团或很大的"分子"。这些原子团或分子具有特定的功能和特性，为生命体的存在和运作提供了必要的物质基础。

这是个了不起的能力，因为绝大多数原子并不具备此等特性。举个例子，氢和氧的原子可以结合，形成的物质包括氢分子（H_2 或 $H_3$①）、氧分子或臭氧分子（O_2 或 O_3）、水分子（H_2O）或过氧化氢分子（H_2O_2）。但这些物质中的每个分子所包含的原子数量均不会超过 4 个，即使引入氮元素，情况亦不会发生根本性的改变，氢、氧和氮的化合物原子都很少。

至关重要的元素是碳，有了碳，氢、氧、氮就可以和碳结合形成含有成百上千甚至数万个原子的分子。生物体主要就是由这样的分子构成，直到一个世纪前，人们还普遍认为，产生这些生命分子一定要有某种神秘的"生命力"。

---

① 原文是 H_3，疑似应为 H_3+，即三氢阳离子，宇宙中丰富的离子之一，星际空间温度和密度都很低，三氢阳离子在星际介质中可以稳定存在。

直到后来，德国化学家维勒[①]人工合成了尿素[$CO(NH_2)_2$]，这是一种典型的动物产物，有机化合物的"生命力"学说不攻自破。时至今日，随着科学技术的不断进步，许多曾被认为与"生命力"相关的现象已逐渐被解构，人们发现这些现象的背后仅仅是普通的物理和化学原理的组合。尽管还有许多重要问题远未解决，但当前的趋势表明，"生命力"这一概念可能并不存在，所谓的"生命"奥秘就是碳元素，就是碳原子和其他原子一起结合形成的大分子。

如果真是这样的话，那就是说，生命之所以存在于宇宙中，完全是碳原子具有的某些特殊的性质。或许人们真的应该在化学上好好注意一下碳原子，它在金属和非金属之间形成了一种过渡。不过可惜的是，至少到目前为止，碳原子的物理结构并没有显现出什么特殊性。碳原子拥有一个如太阳般的原子核，周围环绕着 6 个电子，它们犹如行星般围绕原子核旋转。与邻近的硼原子和氮原子相比，碳原子无非是比前者多一个电子，比后者少一个电子。如果生命的奥秘真的就在于这点儿差别，那 6 个电子原子显然就是自然界的终极定律，可惜现在的数学物理学还不知道这种终极定律究竟是什么。

在化学领域中，也有很多类似的现象。比如磁性现象，铁的磁性表现尤为突出，而与之相邻的镍和钴则呈现出相对较小的磁性。这三个元素的原子分别包含 26 个、27 个和 28 个电子。相比

① 维勒（Friedrich Wohler），德国化学家，因人工合成了尿素，打破了有机化合物的"生命力"学说而闻名。——译者注

之下，所有其他原子的磁性几乎可以忽略不计。目前的科学也解释不了为什么26个、27个和28个电子的原子是如此特殊。还有就是放射性，放射性元素的原子几乎都有83至92个电子，人们也不知道为什么[①]。

从化学的视角出发，生命、磁性与放射性均属于尚未彻底揭开的科学谜团。宇宙是如此之广阔，或许存在着尚未为人类所知的自然法则，这些法则可能与拥有特定数量电子的原子有着密切的关联——如拥有6个、26至28个及83至92个电子的原子，或许表现为是否可以形成生命或是否存在磁性或是否有放射性。不过更有可能的是，这些现象只是单纯的巧合，无所不能的造物主可不会受制于这些束缚，他只是在无限的可能中随便选择了一种。是的，假如造物主选的不是这一种，可能就是另一些原子有一些特殊的性质了——反正不会是放射性或磁性或生命。该怎么形容呢？至少从化学的角度来看，生命并不特殊，磁性和放射性也只是众多可能性中的偶然现象。

有人还是会质疑，质疑为什么要说这是“意外”。他们可能会假设，如果造物主就是为了创造生命才选择这种特殊的法则呢？如果这就是他创造生命的唯一办法呢？然而，这种假设实际上给造物主赋予了过多的拟人化特质。如果有人执拗于此，那我

---

① 这里的结论是基于当时的放射性研究结果，目前，人们普遍认为，放射性元素的核不稳定，是由于存在其他不稳定的核子与核子之间的相互作用。为了达到稳定状态，放射性元素的核会通过不同方式释放能量或者粒子，从而转变成其他核或同位素，这就是衰变。——译者注

实在无话可说。但可以肯定的是，这种拟人化的解读往往本身就充满了主观臆断。

抛开这些拟人化的推论，你会发现，没有任何理由显示宇宙规律是为生命而特设的。为什么不说这些规律是为了产生磁性或反射性呢？虽然这样的观点同样缺乏直接证据，但至少从表面上看，物理学在宇宙中的作用似乎远比生物学要广泛和深远。从严格意义上来说，生命是渺小的，如果真的有造物主，他也断然不会为一粒尘埃兴造这宏伟的一切。

这就好比一个缺乏想象力的水手，他很善于打绳结，甚至可能认为不会打绳结就不能横渡大海。但打绳结这件事显然仅限于三维空间，一维、二维空间不行，四维、五维空间也不行，其他任何维度的空间都不行。我们的水手可能据此认为造物主一定是为了水手才把空间造成了三维的——这样就可以有水手，可以打绳结。听起来匪夷所思吧！其实道理是一样的，生命就像打绳结一样，都只是宇宙活动的一小部分。

以当前科学的视角来看，人类的诞生确实充满了偶然性。关于生命的起源，我们尚未找到确切的答案。当人们试图从生命的起源探寻我们存在的意义，或者预测未来的命运时，同样面临着诸多未知。

我们只知道，生命的存续高度依赖于适宜的光照和热量条件。地球之所以能够孕育生命，关键在于其从太阳接收到的辐射量维持在一个精确的平衡状态，任何微小的增减都可能对生命的存在构成威胁。然而，这种微妙的平衡实际上相当脆弱，任何外部因素的微小变动都有可能打破这一平衡，进而对生命造成不可逆转的影响。

回顾我们的远祖，那些曾在地球温带地区繁衍生息的原始居民，当冰河时代席卷而至，他们所体验到的恐慌与无助实非我等所能想象。每年的冰川都会向山谷深处移动，每个冬季太阳都会更加苍白无力，仿佛也在宣告着生存希望的渺茫。那时他们的心中一定也像我们现在一样，觉得宇宙对生命充满了敌意。

后来的我们也一样，生活在太阳周围狭窄的温带，凝视着遥远的未来，看着另一个冰河时代虎视眈眈。人类就像坦塔罗斯[①]一样，站在一池深水中间，波浪就在下巴下翻滚，却注定要忍受着烈火般的干渴，喝不上一口清凉的水。虽然宇宙中存在物质的地方大部分都很热，但我们更可能因为寒冷而走向终结。在没有外来热量供应的前提下，太阳赋予生命的辐射能量也会越来越少，为了维系生命，地球可能不得不努力靠近垂死的太阳。

很可惜，科学告诉我们，地球的行进方向恰恰相反，它没有靠近太阳，宇宙的洪荒之力正让地球一点点地离太阳远去。宇宙仿佛是刻意为之，直至地球上的生命全被冻结——当然或许还会在那之前，说不定哪天一场突如其来的碰撞或者别的什么灾难就会降临地球，生命也随之灰飞烟灭。就死亡而言，这并不是地球

① 坦塔罗斯（Tantalus），希腊神话人物，主神宙斯之子，起初甚得众神的宠爱，能够自由参观奥林匹亚山众神的集会和宴会。后来坦塔罗斯变得骄傲自大，侮辱众神，因此被打入地狱，永远受着痛苦的折磨。后遂以其名喻指受折磨的人，“坦塔罗斯的苦恼”喻指能够看目标却永远达不到目标的痛苦。——译者注

独有的命运，其他恒星也将逐渐消失，如果它们拥有自己的行星和生命，那么这些生命也将面临同样的命运。

物理学讲述着和天文学一样的故事，抛开天文学不说，热力学第二定律无疑提供了一个更为普适的理论框架。依据这一定律，宇宙最终将走向一个被科学家们称为“热寂”的终极状态——宇宙的总能量均匀分布，所有物质的温度将趋同于一个极低值，低到所有生命都无法生存。终极状态以什么特定路径到达已不甚重要，“条条大路通罗马”——就宇宙而言，人类旅程的终点只能是死亡。

这就是生命的全部意义吗？误打误撞走进一个显然不是为生命而设计的宇宙？一个对生命漠不关心甚至绝对敌视的宇宙？宇宙就眼睁睁看着一粒闯进来的沙子，直到让生命被寒冷所吞噬？人类的希望是否终究只是虚无缥缈的泡影？我们所取得的成就是否最终会消失殆尽，只留下一个好像我们从未来过的宇宙？难道这就是生命的全部意义吗？

天文学提出了这个问题，答案则需通过物理学来揭示。因为天文学能够描绘出宇宙当前的图景，告诉我们宇宙现在是什么样子，空间是如何浩渺、空虚，告诉我们人类是如何渺小，甚至还可以告诉我们一些关于时间流逝所产生的变化。但天文学回答不了上面的生命之问，想要回答生命之问就必须深入探究事物的基本性质，这就必须依赖现代物理学。

第二章
现代物理学的新世界

对于原始人而言，大自然无疑是错综复杂的。他们观察到，有些简单的现象似乎遵循着永恒不变的规律，比如失去支撑的物体会持续下落；石头投入水中会沉下去，而木头则会轻盈地漂浮在水面上。但当目光转向更为复杂多变的自然现象时，他们发现这些现象似乎并不遵循任何明确的规律。例如，一道闪电可能突然击中树林中的某棵树，而旁边与其形状、大小相差无几的树却毫发无损；又比如，上个月的新月之夜晴空万里，而下个月的新月之夜却可能是狂风骤雨。

面对看似变幻莫测的自然世界，人类最初倾向于以自身形象来解读和塑造自然。人们把宇宙中看似不稳定和无序的过程归因于神的奇思妙想和激情，再或者归因于仁慈或恶毒的低等精灵。多年的积累研究之后，伟大的因果律才浮出水面，随着时间的推移，人们逐渐认识到，这一法则实际上支配着生命以外的一切现象——每一个结果都有其对应的原因，有其因必有其果。

任何事物在其当前的状态中，均无法避免地受到其前一时刻状态的影响，而前一状态又由早期的状态所决定……一连串的因果关系，似乎预示了所有的事物都遵循着一种“命中注定”的规律。无论是宇宙的起源，还是历史的演变，甚至是未来的走向，似乎都源自一个确定的起点，也终将走向一个预定的终点。简而言之，造物主不仅创造了整个宇宙，也创造了整个历史和整个未来。尽管人类常常自信地宣称“人定胜天”，但这种观念缺乏逻辑、科学或经验的支持，可能只是人类本能的宣泄而已。

因果律的最终确认是在 17 世纪，那是伽利略[①]和牛顿的伟大世纪。光学解释了各种各样的天象，万有引力定律解释了彗星——统治者们终于不再担心那是帝国灭亡或国王死亡的预兆。牛顿写道:“自然界的其他现象，是否同样可以通过经典力学原理来精确推算呢？”

一场轰轰烈烈的运动由此而生，科学家们开始致力于以经典力学为框架，全面阐释物质宇宙的奥秘。这场运动到 19 世纪后半叶达到顶峰。亥姆霍兹宣称:“所有自然科学的最终追求，均可归结为力学原理的解析。”德高望重的开尔文勋爵[②]也持相似观点，他认为所有的事情都可以建立经典力学模型。作为当时众多的杰出科学家之一，开尔文勋爵不仅敢想，也很善做。那是一个工程师科学家的黄金时代，他的最大抱负就是制作整个自然的机械模型。

---

①　伽利略（Galileo），意大利天文学家、物理学家和工程师，被称为“观测天文学之父”“现代物理学之父”“科学方法之父”“现代科学之父”。——译者注

②　开尔文勋爵（Lord Kelvin），威廉·汤姆森，英国数学物理学家、工程师，热力学温标的发明者，被称为“现代热力学之父”。——译者注

瓦特斯顿①、麦克斯韦②等人则依靠经典力学在解释气体性质方面获得了巨大的成功。他们把气体想象成无数微小的、光滑的球体，说这些球比最坚硬的钢还硬，像战场上的枪林弹雨一样疾速穿梭。基于这一理论，他们认为气体的压力是由这些高速飞行的“子弹”撞击产生的，其影响类似于冰雹对帐篷的作用。当声音在气体中传播时，这些球体充当了信息的传递者。人们还曾经想套用类似的理论解释液体和固体的性质，甚至有人将其扩展到光和引力领域，可惜都没有成功。然而，失败并没有动摇人们的信念，所有人都相信经典力学就是终极奥秘，他们坚信，只要付出更多的努力，无生命的自然最终会像一台完美的机器一样被展现出来。

所谓“无生命”的划分其实早就埋下了矛盾的种子，因果律的每一次开疆拓土，经典力学原理的每一次大放异彩，同时也是对生命自由意识的一次次拷问。如果自然界都遵循因果律，那么生命凭什么独善其身？这一观念催生了 17 世纪和 18 世纪的机械哲学，同时也激发了唯心主义哲学的对立声音。唯心主义者更愿意把世界看作思想的产物，即所谓的“我思故我在”。

在 19 世纪以前，普遍的观点是，有生命的世界与无生命的世界各自独立，互不相干。然而，随着科学的进步，科学家们发

---

① 瓦特斯顿（J. J.Waterston），根据分子运动论假说，导出了理想气体状态方程，并提出能量均分定理。——译者注

② 麦克斯韦（Maxwell），英国物理学家、数学家，经典电动力学创始人，统计物理学奠基人之一。——译者注

现，生命细胞中的成分实际上与无生命世界中的原子是相同的。这一发现引发了人们的思考：既然它们都是由相同的元素构成，那么理应遵循相同的自然规律。那为什么构成我们身体和大脑的原子似乎能够不受因果律的束缚呢？随着时间的推移，这种推测不再仅仅是理论上的探讨，有些人甚至坚信，随着科学的深入发展，人类终将揭示生命的本质，那种本质也一定是以经典力学为代表的机械学。

有观点认为，牛顿、巴赫①或者米开朗琪罗②的脑袋其实与印刷机、笛子或者锯子只有简繁之分，彼此并无本质差别，它们都仅仅是对外界刺激的反映。这一信条让自由选择、自由意志失去了市场，道德的基础也随之崩塌。他们还认为，这些个体与工具之间的区别并非本质性的，并无差别，真正的差别在于它们所受到的外界刺激不同，因此产生的应激反应也会有所不同。

自 19 世纪之后，科学思想如万花筒中的碎玻璃，不断翻开全新的篇章。在此之前，人们的探索主要局限于通过五官感知的宏观物质，即便这些物质只是一小部分，上面也有数不胜数的分子。虽然宏观物质大体上遵循经典力学的法则，但分子层面的行为却无法简单地套用这些规律。这一点并不难理解，群体行为和个体行为之间的差异本就普遍存在。

---

① 巴赫（Bach），德国作曲家、演奏家，欧洲巴洛克时期的代表人物，集文艺复兴音乐发展之大成，被许多人尊称“音乐之父”。——译者注

② 米开朗琪罗（Michelangelo），意大利文艺复兴时期伟大的绘画家、雕塑家、建筑师和诗人，与拉斐尔·桑西、达·芬奇并称为“文艺复兴三杰”。——译者注

19 世纪末期，科学已经开始研究单个分子、原子乃至电子的运动规律，恰好这时，人们发现某些现象无法完全纳入传统的经典力学框架之中。尽管哲学家们仍渴望重现牛顿的智慧、巴赫的情感以及米开朗琪罗的即兴创作，但科学家们已经意识到，哪怕是仿制蜡烛的光或苹果的坠地其实也殊为不易。

19 世纪的最后一个月，柏林的普朗克教授对那些经典力学无法解释的现象给出了另一种解释，这种解释不仅与经典力学截然不同，更是对经典力学思想的完全颠覆。也正因此，普朗克教授饱经非议、批评、攻击甚至是嘲讽。然而不可否认的是，他的解释非常成功，并逐渐发展成为现今的“量子理论”，形成了现代物理学的基础理论之一。毫无疑问，从那一刻起，经典力学的时代终结了，量子力学的大幕正式拉开。

普朗克学说的原始形式其实很简单，他认为，自然程序就像时针一样，是非连续的，起初这好像并没有什么大不了——时针的运动虽然是非连续的，却仍然遵循经典力学和因果律的框架。改变来自 1917 年，爱因斯坦为普朗克学说赋予了革命性的意义，这种革命性绝不仅仅是不连续性，而在于普朗克推翻了因果律在整个自然界的支配地位。

根据经典力学的观点，一切似乎都是命中注定的，A 之后必然是 B。然而，随着科学的发展，我们逐渐认识到，A 之后并非只有 B 一种可能性，还可能是 C、D 或其他多种情形。新的科学体系还能计算出各种可能的概率，但也只能是概率，无法给出肯定的预测，也无法给出某一情形的前世来生，仿佛一切都置于某种神秘力量的掌控之下。

举个简单的例子，比如说放射性元素镭。它和别的放射性元素都会衰变，随着时间的推移，它们迟早会变成铅和 α 粒子，所以镭的质量会不断减少，直至最终完全转化为铅及大量 α 粒子。那这个衰变需要多长时间呢？这个规律很有意思，这些镭就像一个不会繁衍后代的社会，所有镭原子无论老幼都置于乱世的炮火之下，死亡率出奇地一致。对于单个镭原子而言，衰老的概念似乎失去了其原有的意义，它们也不存在什么“度过了一生走向死亡”这种事，每个镭原子都像在等待命运之神，突然有一天，命运之神就敲响了它的房门，这个镭原子也就走到了生命的尽头。

说得更具体点，假如一间屋子里有 2000 个镭原子，科学家没法回答说一年之后还剩多少。2000？1999？1998……他们只能基于现有的科学知识和经验，给出一个最可能的预测值，即一年后大概会剩下 1999 个镭原子。所以科学家们可以推断，一年里大概会有一个镭原子发生衰变。

关键是，我们并不知道这个镭原子是怎么被选中的。起初人们猜想过它可能是被撞最多的，再或者就是最热的那个。但细想就会知道这种猜测毫无道理。假如加热或撞击真的能够触发镭原子的衰变，那么理论上，这一机制将同样适用于其他 1999 个镭原子。这意味着，我们只需简单地增加压力或提高温度，就能促使所有镭原子发生衰变，而不仅仅是其中的一个。

物理学家更愿意相信是命运随机敲开一扇镭原子的门，“帮助”它完成衰变。这一观点最初由卢瑟福[①]和索迪[②]在1903年提出，也被称为“自发衰变”假设。

历史是会重演的。大自然表面上呈现无序状态，在这种无序中或许也蕴藏着什么尚未可知的因果。我们所谓的“大概”一词，也可能是因为我们的知识体系尚不完备。以天气预报为例，普通人会说明天大概会下雨，而气象学家则知道有高气压从大西洋移动过来，从而笃定明天一定会下雨。同样，当我们骑马时，可能会觉得马儿有些古怪，但马夫却能够准确地诊断出马儿的腿部受伤。因此，近代物理学所谓的“大概”，当然也可能是因为我们尚未发现宇宙的真正奥秘。

这样的例子其实比比皆是，20世纪初的时候，麦克伦南与卢瑟福等人就曾在地球大气中发现一种新的辐射。毫无疑问，那是一种全新的辐射，其特性在于其强大的穿透力，这一点与其他类型的辐射形成了鲜明的对比。一般来说，普通的光只能穿透不透明物质的百分之几英寸[③]，一张普通的纸张或更薄的金属片就足以挡住太阳光。X射线的穿透力则要强得多，医生也正是靠这个给身体做放射性检查。不过X射线的穿透性也只是强得多而已，如

---

① 卢瑟福（Rutherford），英国物理学家，主要从事核科学和放射性方面的研究，首先提出放射性半衰期的概念，将放射性物质按照贯穿能力分类为 α 射线与 β 射线，并且证实前者就是氦离子；根据 α 粒子散射实验现象提出原子核式结构模型，创建了卢瑟福模型；发现并命名了质子，指导詹姆斯·查德威克（James Chadwick）发现了中子。——译者注

② 索迪（Soddy），英国物理学家、化学家，提出了同位素假说，发现了放射性元素的位移规律，为放射化学、核物理学奠定了重要基础。——译者注

③ 1英寸≈2.54厘米。——编者注

果用一个铜板差不多厚的金属，那X射线也无可奈何。相比之下，麦克伦南和卢瑟福发现的这种新型辐射的穿透力更为强大，能够穿透几码[①]厚的铅或其他重金属。

人们现在把这种辐射叫作“宇宙辐射”或“宇宙射线”，它们大都来自地球外的空间。这种辐射的破坏力极强，在1立方英寸[②]的空气中每秒能破坏20个原子，而在我们的身体里，破坏力更是高达几百万个原子。因此，有科学家推测，“宇宙辐射”可能是生物进化的关键因素之一，正是它导致了一次又一次重要的基因突变，从而促使了生物种类的演化和变迁，说不定猴子就是这样变成人的。

曾经还有人错误地认为“宇宙辐射”是导致元素发生放射性衰变的原因。他们形象地描述宇宙辐射如同命运之神，时而射向这个原子，时而射向那个原子，而那些原子无异于暴露在枪林弹雨里的士兵，只能束手待毙。这种错误的看法似乎很好地解释了为什么衰变的比率总是相同，只可惜事实并非如此。推翻这种猜测也十分容易，人们把那些放射性物质藏到了很深的煤矿里，“宇宙辐射”完全消失了，但放射性衰变却一如既往。

这种假设虽然被推翻了，但人们并未停止探索其他可能的推动力。科学家总希望找到一个能够替代放射性衰变中“命运之神”的“力”，并期望那个“力”正好和衰变率之间存在某种比例关系。不过，令科学家们头疼的可不止放射性衰变这一个难题。

① 1码≈0.91米。——编者注
② 1立方英寸≈16.39立方厘米。——编者注

还有很多类似的现象，普通灯泡发光就是其中之一。一根金属丝从发电机处获得能量就可以发出光。按照现在的科学理论，原子内部的电子在特定轨道上旋转，但有时候会突然从一个轨道跳到另一个轨道上，这一跃迁过程中就伴随着光的吸收或辐射。值得注意的是，这一跃迁所需的能量并非连续的，而是呈现出离散特性。

1917 年，爱因斯坦仔细统计并研究了这种电子跃迁现象，他发现，虽然电子跃迁受到本身辐射和灯丝热量的影响，但跃迁前后的能量并不相等。爱因斯坦由此断言，一定还存在别的辐射现象，而且那种放射性和镭原子的衰变一样，是一种自发现象。科学再一次回到了命运之神的手中，因为如果有什么力能够替代命运之神，它理应能够影响金属丝的辐射强度。然而，实际情况并非如此。影响这种辐射强度的是个天然的常数，哪怕跑到最远的星球上，这个常数也不会变。如此看来，人们希望的什么“外力”可就插不上手了。

实际上，这种自发性的衰变或跃迁辐射的过程有点像四个人打牌，大家约定好，只要四个人的牌有一个人自成一副，牌局就立即解散。类似地，一块放射性物质就好比一间游戏大厅，里面有千千万万个牌局，每局牌之后都重新洗牌，放射性衰变的发生概率则类似于牌局结束的概率。

因为每次牌都会被重新洗过，所以单个牌局时间的长短其实并不重要，重要的是在一桌牌局中，任意一家牌组成一副的概率，这个概率是一个恒定的数值。反过来说，如果每局结束后不洗牌就重新发牌，那前后的牌局就有了因果关系，解散的牌局数量自然就没了在放射性衰变中观测到的那种规律，要想满足那种规律就必须不断地洗牌——洗牌的人正是“命运之神”。

尽管我们对这些现象的原理尚未完全理解，但自然界中确实存在着一种特殊的活动，这类活动时时刻刻都在对抗着一丝不苟的因果律。未来并不是我们想象的样子，也不完全取决于过去，至少有一部分掌握在某位未知的神祇手中。

无独有偶，海森伯[①]教授就指出，近代量子理论还包括一个重要的概念，就是“测不准原理”，它颠覆了人们关于运动的认知。以前人们一直认为自然的工作是精确的。人造机器可能不完美、不准确，但人们一直相信原子的运动一定是精确的。海森伯却说，大自然痛恨所谓的精确，在任何领域都没有绝对的精确。

根据经典理论，只要我们知道了一个粒子在空间中的精确位置和速度，即可准确描述其运动状态。知道了运动状态，再结合对外力的深入分析，就能够知道这个粒子的前世与来生。而如果宇宙中所有粒子都可如此分析，那么推演整个宇宙的未来自然也不在话下。

海森伯却说，根据新的量子理论，我们根本不可能同时精确掌握电子在空间中的位置和速度信息——知道了电子在空间中的准确位置，就不可能知道它的准确速度。大自然总是会保留一

① 海森伯（Heisenberg），德国物理学家，量子力学主要创始人，哥本哈根学派代表人物，创立矩阵力学，提出“测不准原理”，又称不确定性原理。——译者注

种最低限度的容错率，或许连老天爷也根本就不知道什么绝对的尺度。

电子的速度与位置之间存在一种固有的不确定性，这就好比幻灯片底片的两面，一面是速度，一面是位置，把焦点调整到两面的正中间，差不多都能看清楚，但如果贪心不足非要精确地对准其中一面，那另一面就会变得非常模糊。

那个看似不完美的幻灯片实际上承载了经典理论的精髓，它给了我们一种错觉，仿佛只要有一个完美的幻灯片，就能准确无误地确定粒子的位置和动量。正是这一错觉，为科学领域引入了决定论的观念。然而，随着新科学的发展，我们逐渐认识到，这个幻灯片所揭示的并非全部真相。事实上，位置和动量犹如一个硬币的两面，它们之间的关系微妙且复杂。我们无法同时精确地聚焦这两个方面，因为两个面之间的厚度不容忽视。于是乎，旧的决定论动摇了！

再或者说，这就好比宇宙的关节在某种程度上松动了，也好比年久失修的老机器有了“游隙”。当然我们不是说宇宙太旧或者不完美，只是喻指此最低限度之容错率与“游隙”或“接合松动”具有相似之处。在自然界中，这种“游隙”或“接合松动”的程度取决于一个神秘量——普朗克常数。

之所以称之为常数，是因为整个宇宙机器任何地方“接合松动”的程度都可以用普朗克常数来衡量，实验室中如此，随便一个恒星上也是如此。绝对严格的因果关系失效了，或许宇宙本来就不是经典力学描述的那般如臂使指，若合符节。

当然我们也得承认，海森伯“测不准原理”多少包含了一定的主观因素。在实际操作中，我们之所以无法精确测定电子的位置和速度，一定程度上也是因为我们使用的设备还不够精确，就好比一个人如果体重低于1磅[①]，那我们就没有办法对他称重，因为最小的秤锤就是一磅，道理其实是一样的。科学上已知的最小单位就是电子，所以也就不可能找到更小的单位来制造更精确的物理装置。但这种主观因素的影响终归还是有限的，真正关键的是，自然界中的确存在各种各样的跃迁现象，只要跃迁存在，想要精确地测量就永远都是奢望。

也就是说，这种主观的不确定性与前文提及的辐射、放射性衰变等现象并无直接联系。在自然界中，此类现象不胜枚举，此处不再一一展开。之所以将“测不准原理”视为近代物理的基础理论之一，其根源在于此。说句稍微绕口的话，不引入“测不准原理”，很多现象的所谓确定性研究也就根本无从下手。

“测不准原理”及其他若干因素，促使众多物理学家共同探索并提出了一种新理论。根据新的理论，原子和电子单独参与的事件中都不存在所谓的确定性，不仅如此，宏观事件所展现的确定性，也只不过是概率统计结果而已。保罗·狄拉克[②]就认为：

一定情形之下，对任意原子系统的观测结果都具有不确定

① 1磅≈453.59克。——译者注

② 保罗·狄拉克（Paul Dirac），英国理论物理学家，量子力学奠基者之一，提出了狄拉克方程，并且从理论上预言了正电子的存在。——译者注

性。换句话说，即使实验条件完全相同，每次实验得到的结果也可能并不相同。但如果重复很多次实验，就可以计算出各种可能结果的出现概率。所以，无论进行多少次实验，我们总能估算出某种结果出现的大概数目。理论上，我们能计算出的就是这个大概的数目。在特殊情形下，当概率达到 1 时，就意味着实验结果相当确定了。

换句话说，如果研究对象是一大群原子或电子，那么数学概率会给出物理定律无法推导出的确定性。

宏观世界其实也有类似的情况，其中最具代表性的是掷硬币问题。如果我们掷一枚硬币，谁也不知道结果到底是正面还是反面。但是假如我们掷一百万吨硬币，正面与反面的数量将趋近于各占五十万吨。无论重复多少次，该比例始终保持不变。因此，人们常将其视为自然统一性的佐证，并据此推导出因果律的概念，但事实上，这仅仅是一个基于数学的概率问题。

大家可能觉得一百万吨硬币是不是太多了，实际上恰恰相反，即使考虑早期物理学家可以进行实验的最小物质，其中的原子数也远远多于这些硬币数。正因如此，我们不难理解科学中确定性幻觉的根深蒂固，这种幻觉在科学的发展过程中潜移默化地生根发芽，并延续至今。

时至今日，概率依然只是概率，除了统计貌似并没有什么更好的办法。物理学家中当然不乏理想主义者，他们憧憬着经典理论的光辉能够重现，并深信严格的因果律是主宰世界的法则。但事与愿违，科学的发展并不如他们所愿，因此这样的“理想主义者”也越来越少。至少，在新的科学理论中，因果律显然已经失去了往昔的主导地位。

新的量子理论在完备性方面远超传统的经典力学体系，这一理论不仅涵盖了生命和意识的本质，还进一步触及了人类自由意志和主观能动性。或许，那些被视为命运之神的原子就是我们心灵的微观表现，再或许，心灵就是借这些原子影响着我们的身体进而影响着周围的一切，今天的科学显然已经接纳了这种假设。

科学的新发展并未否定内心对自由意志的影响，也不执着于回答没有因果律、没有确定性的世界会是什么样子。一系列新的问题随之而来：假如没有因果律、没有确定性，事物的顺序还有意义吗？如果有，除了因果律和确定性还有什么别的解释吗？如果没有，那又作何解释呢？

这些争论或许永远不会有结果，因为还有个重要的概念——时间！时间的本质究竟是什么？我们常说时光无法倒流，但这只是我们的一种主观认知，宇宙可没有这样说过，宇宙法则既不反对时间静止，也不反对时光倒流。

“时光不可倒流”在因果关系的构建中起着至关重要的作用，但不可否认的是，这是我们基于经验强加给因果关系的关键要素。天哪！我们甚至不知道时间的本质究竟是什么！相对论认为时间是幻觉，因果关系亦是如此，爱因斯坦更是进一步指出，时间只是三维空间之外的一个维度。因此，讨论基于时间的一系列事件的因果关系本就毫无道理，这就好比说一排电线杆中某两个有因果关系一样，简直是无稽之谈！

“时间之谜”让我们语塞，如果无法了解时间的本质，所谓确定性或自由意志的争论恐怕将永无止境。

物理学不断演进，确定性和因果律已经注定被埋进历史的尘埃中，取而代之的是量子理论。这种理论在解释放射性现象中大放异彩。然而，为了更深入地理解这一变革的根源，我们还是要追本溯源，去看看牛顿和 17 世纪。

先举个简单的例子，比如说一道光。至少表面上看，光路是条直线——某一天你走进一间充满灰尘的屋子，阳光洒下来，你看到的“光”显然就是直线。由于快速运动的物质粒子也倾向于沿直线运动，基于这些观察，早期的科学家们自然而然地提出一种假设，说光是从光源处射出的微粒，与从枪里射出的子弹并无二致。伟大的伊萨克·牛顿就持这种观点，并进而形成了一套颇为完备的理论——光的微粒说。

然而，众所周知，光线并非仅沿直线传播。当光线照射到镜面时，会发生反射现象；而当光线穿过液体表面时，则会发生折射现象。例如，当船桨置于水中时，看起来就像被掰折了，河水则看起来比实际深度更浅，这些均源于光的折射原理。

在牛顿的那个年代，人们不仅知道这些现象，还发现了很多与之相关的定理。例如，在光的反射过程中，出射角恒等于入射角，这一特性类似于网球在球场上的反弹。再比如说，在光的折射过程中，入射角与折射角的正弦之比始终保持恒定。牛顿为了解释这些现象可谓煞费苦心，他把这些解释为光粒在镜面或液体表面受到了一种外力。以下是该原理的命题：

假设两种相似的介质彼此分离，且它们之间的间隔空间被两个平行的平面所界定，一个物体受到垂直于这两个平面的引力或斥力，且该物体不受其他外力，引力大小与距平面的距离相关，距离相等的地方引力处处相等且方向相同，则该物体进入其中一个平面入射角的正弦与离开另一平面出射角的正弦之比为固定值。

相同条件下，物体入射前的速度大于入射后的运动，如果入射角连续偏折，则物体最终被反射出来，且反射角等于入射角。

但光的微粒说并不总是很好用，比如光射到水面上时，一部分会透过水面发生折射，另一部分则会反射出去，湖面的倒影、水中的月亮等都是由于一部分光发生了反射。一些人据此对牛顿的理论提出了质疑，他们认为，如果光确实由微粒组成，那么水面上的力应该对所有微粒产生相同的作用。当一个微粒被折射时，理论上所有微粒都应受到相同的影响。因此，按照这个逻辑，水中绝不应该出现日月星辰的倒影。

牛顿则解释说，“折射和反射有个适应的过程”，刚开始光微粒能够顺利穿透水面，然而，随着时间的推移，穿透的通道会迅速关闭，导致后续的微粒无法穿过并形成反射光。某种意义上说，这种解释显然已经放弃了自然的统一性，相当于用概率取代了确定性，已经有点像现代的量子理论，只不过当时的人们并未对此给予足够的重视。

不仅如此，光的微粒说还面临一个更为棘手的问题。诚然，大部分光线遵循直线传播的规律，比如房屋、山峦都会挡住光，投下一大片影子，人们躲在影子里就能避免烈日当空的暴晒，仿佛有盾牌阻挡了子弹的侵袭。但很小的东西可不行，比如一根很细的电线、头发或纤维就没有影子，当我们把它放在屏幕前时，屏幕上所有的地方都是亮的，就好像光线会绕着它拐弯一样。还有的时候我们看到的也不是影子，而是明暗交替的“干涉带”。

再举个例子，当光线通过一小孔投射至屏幕上时，大家可以把小孔穿得足够小，差不多只有针尖那么大，那么屏幕上显示的也不是小孔一样大的光斑，而是如图 1 所示，我们看到的是亮度深浅相间的一层层光圈，人们称之为“衍射光圈”。

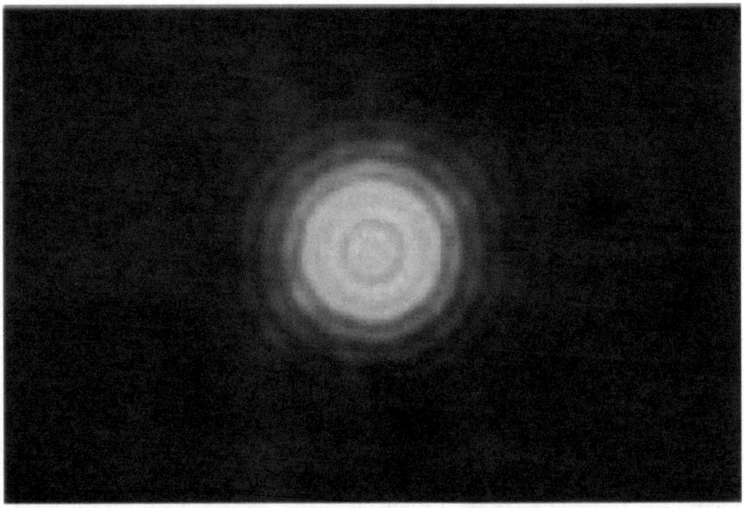

图 1

牛顿把这些现象解释为光粒受到了固体的吸引，他写道：

当光线在空气中传播并接近物体的边缘时，不论这些物体是不透明的硬币、刀子或者碎石头，还是透明的玻璃片，光在这些物体边缘都会发生弯曲，就好像有什么东西在吸引这些光粒，离得越近吸引力越大，光线也就弯曲得越厉害。

伟大的牛顿又一次预言了现代科学，他想象的力与近代波动力学中所述的“量子力”有着异曲同工之妙，只不过牛顿并未详尽阐述光的衍射等具体现象，因此当时的人们也就没有给予足够的关注。

随着时间的推移，又有人提出了光是一种波，与风吹海面形成的海浪没有区别。不同的是，每一个海浪都有好几码长，而几千个光波首尾相接加起来估计才有 1 英寸。海浪能绕过一块小岩石，光波当然也能绕过小的障碍物。所以几英里长的岩礁可能是个完美的避风港，一块小礁石可不行，海浪会从两侧包抄过来在它后面重新结合。光也一样，光波也能绕过稀疏的头发或纤维在后面重新结合。港口处的海浪不走直线，光波亦具有相似的波动性，所以才会出现图 1 中的现象。

17 世纪是微粒说的天下，然而，随着研究的深入，微粒说无法圆满地解释某些现象，光的波动说逐渐崭露头角，并逐渐在学术界占据主导地位。

事实上，牛顿的微粒说所能推导出的结果，用一串光的波动也同样可以解释。相较于微粒说，光的波动理论更为复杂，能够解释的现象也更多。有时用光的微粒说无法解释的现象，光的波动说却能够完全胜任。也正因如此，随着时间的推移，光的微粒说逐渐被波动说所取代。

尽管波动说在科学界逐渐取代了微粒说，但它同样面临着来自反对者的质疑和拷问。首先就是为何在没有反射和折射的情况下，光线会沿直线传播。比如说光透过百叶窗进到屋里，为什么不像水波一样散满整个房间？托马斯·杨①和菲涅尔②的研究为我们提供了答案，他们证明只要障碍物尺寸足够大，光波形成的运动轨迹就是直线。不仅如此，他们还证明了，光波也能像子弹一样反射，还能发生折射。折射过程中光波的受力情况与介质的折射率成正比，与牛顿的命题可以说是殊途同归。③

而且后者本身也并非尽善尽美，例如，太阳光通过棱镜产生的分光现象，便无法完全通过波动理论进行阐释。当光线穿过三棱镜时，会分散成一系列颜色，形成红、橙、黄、绿、蓝、靛、紫的彩虹光谱。如果光仅仅是一种波，透过三棱镜后应该全部是紫光，不仅如此，极紫波据称拥有无限的能量吸收能力，当它们的“嘴巴”永远张开时，宇宙中的所有能量或将迅速转化为穿越太空的紫外线辐射。但是，事实情况却决然不是波动光学预测的那样。

“量子理论”则很好地弥合了上述理论的所有缺陷。“量子理

① 托马斯·杨（Thomas Young），英国医生、物理学家，光的波动说的奠基人之一。——译者注

② 菲涅尔（Fresnel），法国物理学家，对于波动光学的理论建立做出了杰出贡献，曾利用自己设计的双镜和双棱镜做光的干涉实验，继托马斯·杨之后再次证实了光的波动性，提出了菲涅尔方程。——译者注

③ 以上两段原文在稍后一些的地方，本书根据上下文的逻辑关系将其调整至此处。——译者注

论”证明，牛顿将光视为微粒并不是完全错误的，它已经证明，光束可以被视作分解离散的单元，科学家们称之为“光量子”或“光子”，就好比一阵雨可以分解为一滴滴水，一颗子弹可以分解为一块块铅，一团气体可以分解为一个个单独的气体分子那样。

同时，说光是一种波在本质上也没什么问题。每一个小光束都有特定的长度属性，我们称之为“波长”，所以当光穿过棱镜时，它的行为与特定波长的波完全相同。光束中所包含的能量则与波长成反比，因此我们总是可以根据波长计算光子的能量，反之亦然。

以目前的科学认知为限，我们并没有大量的证据证明上述观点。但可以肯定的是，光以持续不断的光子流形式穿过实验室设备。至少目前还没有观测到比光子更小的光单位，也没有任何理由怀疑光子的存在。通过下面的两个例子大家可以略窥一二。

第一个例子是光电效应，在适当的条件下，光可以破坏掉物质表面的原子，科学家们对此进行了详细的能量损失计算，结果显示，每个原子损失的能量恰好等于入射光中一个完整光子的能量。这就好比一支光的军队与一支物质军队发生了冲突。过去，人们只知道物质由单个原子组成，犹如一支由原子士兵组成的军队。现在看来，光的军队也是一样的，相应的士兵就是那些光子，双方的对垒无异于光子士兵和原子士兵的一对一对抗。

第二个例子来自美国芝加哥大学的康普顿[①]教授，他致力于

① 康普顿（Compton），美国物理学家，主要从事 X 射线、宇宙射线方面的研究。——译者注

研究 X 射线与电子的相互作用。康普顿教授观察到，当 X 射线照射电子时，会发生散射现象。X 射线在行为上类似光子或其他粒子，它们以类似子弹的方式撞击遇到的电子。通过单个光子散射的偏转角度可以计算每个光子的能量，计算结果与根据其波长计算的能量完全一致①。

“光子不可再分”的观念指引我们又一次走向确定性的反面，对一束光来说，当然有很多办法将其一分为二，让两部分各走各的路，但如果一束光被分到只剩一个光子呢？那么光子就不可再分了，两条路就必选其一，而且走哪条路都有可能，我们只能说它大概会走哪条路。

如此看来，17 世纪的微粒说和 19 世纪的波动说一样，可以说都不对，也可以说都对。光既是一种波也是一种粒子，其实这一观点不仅适用于光，同样适用于其他辐射现象。以 X 射线为例，在康普顿散射实验中，X 射线表现出的特性更接近于粒子；但在劳厄②和布拉格③的晶体衍射实验里，X 射线怎么看都像是一种波。自然界的辐射都是这样，有的时候像波，有的时候像粒子。然而，具体何时表现为波，何时表现为粒子，刚开始科学界

---

① 书中说的并不是全部实验现象，事实上，康普顿将波长为 0.71 埃的 X 射线投射到石墨上，然后在不同的角度测量被石墨分子散射的 X 射线强度。当 $\phi=0$ 时，只有等于入射频率的单一频率光。当 $\phi\neq 0$（如 45°、90°、135°）时，发现存在两种频率的散射光。一种频率与入射光相同，另一种频率则比入射光低。——译者注

② 劳厄（Laue），美国物理学家，从事光学、晶体学、量子理论、超导和相对论方面的研究。——译者注

③ 布拉格（Bragg），澳大利亚物理学家，发现了关于 X 射线衍射的布拉格定律。——译者注

无法给出定论。

科学家们更愿意相信自然是统一的，因此他们提出粒子与波可能是同一种事物的不同表现。这就引出了故事更精彩的下半篇——不仅辐射既像波又像粒子，反过来也一样，电子与质子等也有波粒二象性，有时候像粒子，有时候又像波。

近些年来，一些科学家把这种理论应用在了“真正”的粒子身上，比如电子或质子。这些粒子的运动方式往往极为复杂，难以通过单一的粒子模型进行解释。德布罗意和薛定谔等人就用同样的理念把它们想象成一种波，并由此创造出了新的物理学分支——波动力学。

就好比打网球，网球从硬地上反弹的过程，在物理意义上可以看作是一种“反射”，所以你当然也可以说网球也是“一组波”。不过事实上很少有人会这样说。这主要是因为在日常生活中，我们通常依赖于直接观察来理解和描述事物，而网球作为一种具体的物体，谁也看不到“网球波”。

但是，如果把网球换成电子，那就完全是另外一种情况了。如果电子在“反射”时展现出波动性质，那我们就必须考虑它可能真的也是一种波。实际上，至少没人能断言电子不具备波动特征。电子太小了，没人能看见电子，对于电子来说，一切皆有可能，“电子波”当然也不例外。要验证电子是否真正具备波动性质，我们需要探索在哪些特定情况下，电子的行为只能通过波动理论来做合理解释。

其实还真的有这样的情况，比如科学家们把电子打到金属片

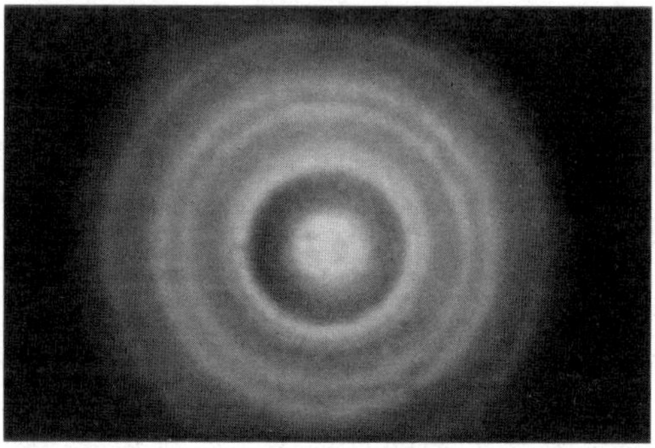

图 2

表面，电子的“反射”行为并不类似于冰雹或网球的个体行为，反而使得金属片上出现了“衍射”现象，如图 2 所示。同样地，当电子穿过小孔时，也会发生衍射，就像图 1 中的“光波”一样。这些当然不能直接证明电子就是一种波，但不可否认的是，波动理论显然更能有效地解释上述现象。事实也的确如此，把电子想成一种波，人们可以很好地预测电子的各种运动结果，而将其视为粒子进行预测时，失败却如影随形。

波动力学证明了运动的电子和质子都会像波一样运动，波长取决于某质量和速度，不仅如此，波动力学还能够准确预测波长值，预测结果与实验结果高度一致。

很多人都做过类似的实验，有的做电子的反射实验，有的做电子的折射实验，比如说美国的戴维孙和革末①，英国的汤姆孙②教授，德国的鲁普，日本的开古齐……在这些实验中，电子被平

① 戴维孙（Davisson）和革末（Germer）都是美国物理学家，二人共同设计实施了戴维孙－革末实验，他们用低速电子入射于镍晶体，取得电子的衍射图案，由此证明了德布罗意的电子波动性假说及波粒二象性。——译者注

② 汤姆孙（Thomson），英国物理学家，主要从事气体放电、电磁学、原子结构等方面的研究，1897 年在真空管阴极射线实验中证明了电子的存在。——译者注

行地射在金属片上，再或者就是让电子穿过金属板，实验结果显然都不能用电子是粒子来解释。电子图样都是明暗相间的同心圆，根据这些明暗间隔所推算出的波长与波动力学的预测结果高度一致。最近，美国芝加哥的登普斯特[①]教授还用原子核做了同样的实验，得到的结果亦是如此。

诸如此类的实验都证明，把波动、波长等概念与电子、原子核联系在一起并无不妥，无论是在原子内部还是外部，“电子波”“原子核波”预测实验图样显然比“电子粒”“原子核粒”靠谱得多。

后面我们还会更加详细地讨论这些问题，而现在，大家只要知道这些所谓的微观粒子和辐射一样，都有波粒二象性即可。如果要研究宏观世界，就把它们都想象成粒子；而如果要研究微观世界，就把它们都想象成一种波。

如果想要了解宇宙的本质，就必须了解这些微观现象，这里藏着事物的本质——目前我们好像找到了关键所在，那就是波动。

这不禁会让人联想，我们是不是身处一个充满波动的宇宙里？曾经，人们都觉得宇宙是各种各样坚硬物质的简单集合，波动与辐射被视为罕见且偶然的现象。然而，现代科学揭示了一个截然不同的图景。我们显然已经远离了那个偶然才有波、偶然才有辐射的世界。不仅如此，我们还要在下一章走得更远！

---

① 登普斯特（Dempster），美国物理学家，1935 年发现同位素铀 -235，在此基础上，哈恩、费米及奥本海默等人十年后造出了第一枚原子弹。——译者注

第三章
物质与辐射

在科学发展的早期，人们总是相信“物有本末，事有始终”，相信“种瓜得瓜，种豆得豆”，丝毫没有怀疑过因果律在自然世界的支配地位，一系列定律由此而生，其基本形式都是：原因A一定会导致结果B，就好比加热冰就会融化成水，换句话说，热量减少了宇宙中冰的总量，增加了宇宙中水的总量。

原始人很容易就能凭经验总结出这条定律——他们看见阳光照耀在皑皑白雪之上，雪就化成了水；同样，在漫长的夏日里，高山上的冰川也会因高温而融化成水。不仅如此，原始人还注意到，到了冬天，刺骨的寒冷会使水重新冻结成冰。时间拉得长一点，他可能还会发现，重新冻结的冰在融化前的总量与原始冰的总量是相等的。一个推论自然而然地形成了，一定有比水或冰更普遍的东西，这种东西的总量不受其他因素的影响。

现在我们显然都已经熟悉了这些定律，科学家们将其命名为“X守恒定律”，原始人的发现仅仅是物质守恒定律的一个具体表现。无论X代表何种概念，它都暗示着在宇宙中，X的总量始终维持恒定，没有任何力量能够将其转化为非X的形式。在某种程度上，这种定律也可被视作一种假设，它实际上表达的是，迄今为止，我们所做的一切都没有成功地改变X的总量。因此，提出X守恒定律是合理的，至少它可以作为一个有效的科学假设而存在。

直至19世纪末，物理学上人们普遍承认的是三大守恒定律：物质守恒定律、质量守恒定律和能量守恒定律。

当然也还有一些其他的守恒定律，比如动量守恒定律、角动量守恒定律等，大家可以先不用管，因为这些定律在本质上都可以视为上述三大守恒定律的推论。

在三条基本定律中，历史最为悠久的当属物质守恒定律，其理论源头可追溯至德谟克利特[①]与柳克里修斯[②]的原子哲学。据他们所述，宇宙间所有物质皆由不可复制、不可改变和不可毁灭的原子组成，并由此断言，宇宙中的物质总量始终保持恒定，不受时间、空间或其他任何因素的影响。不仅如此，宇宙中任何部分或任何空间区域的物质含量也都始终保持恒定，除非有原子的流动与交换改变了该空间的物质含量。如果将广阔的宇宙比作一座宏大的舞台，那么原子便是舞台上的演员。无论这些演员化什么装、演什么角色、怎么搭配，其本质始终是恒定的，不曾改变。

第二条的质量守恒定律则是近代的产物。牛顿曾假设每一物

---

① 德谟克利特（Demokritos），古希腊唯物主义哲学家，率先提出原子论，即万物由原子构成。——译者注

② 柳克里修斯（Lucretius），罗马共和国末期的诗人和哲学家，认为物质的存在是永恒的，提出了“无物能由无中生，无物能归于无”的唯物主义观点，著有哲学长诗《物性论》。——译者注

体或物质，均具备一恒定之量，牛顿称之为质量，此质量用以描绘物体之“惯性”，即其抗拒改变运动状态的程度。以汽车为例，在其他条件均相同的前提下，若施加在 A 型汽车上的力需要比 B 型汽车多出一倍才能达到相同的运行效果，那么可以推断 A 型汽车的质量是 B 型汽车的两倍。根据万有引力定律，两个物体之间的引力与它们的质量成正比。换言之，如果地球对两个不同物体的引力相同，那么这两个物体的质量也必然相等，所以测量任何物体质量的最简单方法就是称重。

再到后来，化学家们发现柳克里修斯提及的“原子”并非科学意义上的原子。按照希腊文的本意，“原子”的意思是不可再分割，但柳克里修斯的“原子”显然还能再分出几个更小的粒子，严格地说，原来的“原子”应该叫作“分子”。“原子”的名字自然就被赋予了那些更小的粒子。研究人员已经发现多种方法可将分子分解为原子，而这些原子也可以通过多种方式重新进行组合。

在很多情况下，原子间仅需相互接触即可完成组合，比如铁生锈，再比如将酸倒在金属上。燃烧、爆炸、加热或光照都能诱发分解反应。以过氧化氢为例，当置于光照充足的环境中，一旦阳光照射进去，一个过氧化氢分子（H_2O_2）就会分解为一个水分子（H_2O）和一个氧原子（O）。在取出软木塞的瞬间，我们听到的“砰”声便是氧气喷出的声响，同时我们也会发现一些过氧化氢已经变成了水。再比如溴化银分子也会受光的影响重新组合，这也是摄影的基础原理。

到18世纪末，拉瓦锡[①]深入研究了各类化学反应，发现物质的总重量在反应过程中始终保持恒定，这一发现构成了质量守恒定律的核心要义，对于科学进步具有不可替代的作用。当然，现在我们知道，这一定律并不完全准确。举例来说，当过氧化物分解时，释放出的氧气质量与剩余液体的质量之和，会略高于原始过氧化物的总质量；同样地，感光板在曝光后，其质量也会略有增加。这些细微的偏差源于一些过去未充分考虑的因素，如过氧化氢或溴化银分子在反应过程中吸收的光能所转化的质量。

第三条是能量守恒定律，也是三条定律中最晚被发现的。能量可以以多种形式存在，其中最简单的是纯粹的动能，比如火车沿水平轨道运动的能量，再比如台球在桌子上运动的能量。牛顿证明了这种纯粹的机械能在特定情况下是“守恒的”。例如，两个台球碰撞时，每个球的能量都发生了变化，但两者的总能量保持不变。不过，这一结论必须基于一种理想条件，也就是所谓球是“完全弹性的”，即它们会以相同大小的速度弹回来。在真实世界中，机械能在各种自然情况下总是逐渐减少的。比如说，子弹在空中飞行一段时间后就会停下来；再比如说，如果把发动机关闭，火车也会慢慢停下来。所有这些情况，机械能都在变小，转化成了热量或者声音。

再后来，经过长期的实验，科学家证明了热量和声音本身也

---

① 拉瓦锡（Lavoisier），法国著名化学家，因提出氧化学说而闻名，预言并确立了硅的存在。他还改进定量分析方法并用其验证了质量守恒定律，他称之为“物质不灭定律”。他被尊称为“近代化学之父”。——译者注

是一种能量。特别值得一提的是，从1840 年到 1850 年的 10 年里，焦耳做了一系列具有划时代意义的实验，通过精密的测量与计算，他首次成功量化了热能，后来又用琴弦作为媒介，进一步证实了声能的存在。这些实验虽然简陋，却无可辩驳地证明了能量守恒定律，即能量并不会凭空消失，而是会从一种状态转变为另一种状态。

虽然表面上动能似乎已经消失，但实际上，它转化为了等量的热能和声能。以火车运动为例，其能量在行进过程中被转化为各种噪声以及车轮、轨道等部件产生的热量。

直到 19 世纪下半叶，三大守恒定律一直被视为不可动摇的金科玉律。人们甚至一度将质量守恒定律等同于物质守恒定律，这一点并不奇怪，人们显然已经相信物质的质量与其内部各原子质量之和相等，这也能很好地解释为什么化学反应前后总质量不会发生改变。

不过新发现的能量守恒定律就有点不一样了，某种意义上它也是被定义出来的。宇宙舞台上的演员当然还是那些原子，但同时被赋予了多种多样的能量形式，这些能量就环绕在演员们的周围，与演员一样不生不灭。

尽管三大守恒定律在科学研究中被广泛地接受和应用，但我们必须知道，本质上它们仍是一种假说。为了验证这些定律的真实性，科学家们会设计各种实验，但只需发现一个反例，就应当坚决地否定这些定律。好在它们貌似真的固若金汤，至少在 19 世纪的绝大多数时间里，科学家们始终奉之如圭臬，甚至武断地试图用三大定律揭示宇宙中所有的奥秘。

只可惜，这一切注定是暴风雨前的宁静。汤姆孙爵士很快炸响了第一声惊雷，他提出了一个令人震惊的观点：所有带电物体的质量会因速度而改变，速度越快，质量越大。这一点显然与牛顿的判断有很大出入，在三大定律中，质量率先“不守恒”了。

尽管汤姆孙的理论在当时未能获得充分的实验证据支持，但这并未阻止物理学家围绕其展开深入的讨论。至少在当时的认知范围内，普通物体的电荷量不可能无限增加，所谓加速也是有限度的，所以质量的变化当然也是微乎其微的。

时间快进到 19 世纪末，汤姆孙及其同事通过科学研究再次对原子进行了深入探索，并成功将其分解为更小的组成部分。当然，他们并未改变原子的本质，只是分离出一个个小碎块，这些被分解下来的小碎块因带有负电荷，因此被命名为“负电子”或简称“电子”。

电子的带电能力远超其他物体。打个比方，把 1 克金子压成 1 码见方的金箔，其静电单位最多只能达到 60 000。但如果换成 1 克电子，其带电量将是金箔的约 9 万亿倍。更为引人注目的是，在电的作用下，电子的运动速度可以达到 10 万英里 / 秒，这种高速运动可能对其质量产生显著的影响。经过精密的实验测量，我们发现电子的实际质量与理论预测值完全吻合。

目前，科学家已经证明，原子并非物质的最小单位，其内部可进一步细分，其中一部分是带负电的电子，中间则是带正电的原子核，所以物质基本上都是带电粒子的结合体。这一研究成果主要归功于物理学家卢瑟福。所谓万花镜一摇，人们发现好像电学才是终极学科，在这之前，法拉第[①]和麦克斯韦就曾经证明一切辐射都与电相关，这引发了一个引人深思的问题：物理学是否就是电学的延伸与发展？

既然物质是带电粒子的集合，那按汤姆孙的说法，运动物体的质量就应该分为两个部分：其一是静质量，这是物体在静止状态下固有的质量属性；另一部分则是动质量，大小随着物体运动速度的变化而有所不同。理论推导和实验结果都表明，动质量和动能之间存在一定的比例关系。也就是说，两个电子或者任何别的两个相同的物体，动质量间的差异也就对应它们动能间的差异。

爱因斯坦则更进一步，他于 1905 年指出，包括动能在内，任何一种能量都有自己对应的质量。爱因斯坦还说明，如果能量没有对应的质量，那么相对论也无法成立。自此以后，检验相对论的实验就变成了验证能量与质量之间的关联。根据相关实验结果，爱因斯坦进一步指出，任何能量对应的质量都与能量本身的大小相关，两者之间存在一定的比例关系。大部分能量对应的质量都微乎其微。举个例子，毛里塔尼亚号货轮满载 50 000 吨，假设行驶速度 25 节[②]，那么货轮动质量只有 0.000 001 盎司[③]；再比如，一个工人一生的劳作所消耗的能量，差不多也就等于 1/60 000 盎司。

① 法拉第（Faraday），英国物理学家、化学家，提出了电磁感应学说、磁场力线的假说，发现电场与磁场的联系以及电解定律，因其电磁学方面的伟大贡献，被称为“电学之父”“交流电之父”。——译者注

② 1 节 =1 海里 / 时≈ 1.852 千米 / 时。——编者注

③ 1 盎司≈ 28.35 克。——编者注

这些发现让古老的质量守恒定律重获新生，因为质量变成了静质量和动质量的总和，前一部分等效于物质守恒定律，后一部分则与能量守恒定律殊途同归。简而言之，19 世纪时，人们认为质量守恒就是物质守恒，到了 20 世纪，物理学家们又发现能量守恒定律也牵涉其中。因此，我们可以说，质量守恒定律实际上是物质守恒定律和能量守恒定律的综合体现。

于是乎，在宇宙的长河中，唯一恒定不变的又只剩下了那些“不生不灭”的原子。用麦克斯韦的话说，它们是“宇宙不朽的基石”。简单来讲，宇宙本质上是一个由无数原子构成的集合体，辐射则处于次要地位——有时候原子发生了振动，就产生了各种各样的辐射——原子就像是钟，辐射就是声音，敲钟时钟产生振动自然就有了声音，但发出钟声显然不是钟的本态，辐射当然也不是物质的本态。顺便说一句，人们一直也很疑惑为什么太阳是永恒的，我们当然知道太阳光是来自某种原子扰动，但这种扰动为何会经久不息目前还是个谜。

还有一个问题，我们了解到原子由带电粒子构成，这意味着电子总是存在于一个特定的空间范围内。无论是引力还是斥力，电子始终不能离开那个有效的作用范围。法拉第与麦克斯韦对这一现象进行了直观而深入的解读，他们把带电粒子想象成类似于八爪鱼一样的构造，一个小小的身体伸出许多触角，这些触角被称为“导力线”。“导力线”遍布空间的各个角落，两个带电粒子的相互吸引或者相互排斥，就是因为“导力线”相互拉扯或者推阻。同时他们还认为这些触须是电力或磁力作用的结果，所以原子辐射不过是把这些触角抛出来，就像传说中的箭猪甩刺。这种观念有其先进之处，至少使得物质和辐射的关系比以前更为紧密。

所有辐射都是能量的表现形式，那么按照爱因斯坦的理论，这一现象必然伴随着相应的质量变动。所以当原子发出辐射时，质量必然也因为发出辐射而变轻，就像箭猪如果真的放出箭来，那么它的体重也一定会减少一支箭的重量。也正因此，如果把一块煤给烧掉，那么将烧剩的灰和燃烧形成的烟放在一起，一定也没有一块煤的重量重。很显然，燃烧过程中释放的光能和热能亦伴随着质量的变化，所有这些加在一起才是原来那块煤的重量。

早在 1873 年麦克斯韦就已经证明，辐射会对它所照射到的任何表面施加压力。现在看来，此现象之根源在于辐射本身亦携带质量，由此产生的压力自然成为一种必然结果。光照在物体的表面也是一样的，鉴于光速高达 3×10^8 米 / 秒，自然也伴随着相应的质量。列别杰夫最先观察到了这种压力，尼科尔斯则进一步测量了这种压力，测量结果与麦克斯韦的计算结果完全吻合。

把一束强光照射在一个靶子上，就会看到那个靶子像是被很小的子弹打上去了一样，也会微微地发生颤动。然而，在地球上常见的光子撞击所产生的效应几乎难以察觉。要想观察到这些现象，我们必须离开地球上的物理实验室，将目光投向浩渺的宇宙。设想把一个直径 6 英寸的炮弹加热到 5000 万度，差不多就是太阳或一个普通恒星的中心温度，想象一下这样的炮弹发出来的辐射，那巨大的压力足以毁灭 50 英里内的一切。事实上，在星球内部，由于星球中心占据了大部分质量，这种辐射压力更是显著。

根据计算，在太阳直射的情况下，每分钟大约有 1/10 000 盎司的日光落在 1 英里见方大小的地方。结合光的速度，这部分日光产生的压力约为 0.000 000 04 个大气压。这个数字的确是小得可怜，换算成质量的话，还没有大雨中 1/50 秒内的降水多。不过可千万不要小看了这个数字，事实上，1 英里见方在天文学的空间里只是一个非常非常小的面积。如果计算实际质量的话，太阳辐射每分钟达到了 2.5 亿吨，大概是伦敦桥下泰晤士河流量的 1 万倍。这里说大概，并不是因为太阳辐射的计算存在困难，反倒是更近的泰晤士河的平均流量不那么准确——就准确度来说，天文物理学的测算精度通常远超地面水文学。

当然，别的星球也会有一部分辐射落在太阳表面，不过这和太阳本身辐射出的质量相比简直就是九牛一毛，太阳如果想要保持自己的质量不发生改变，就必须在每分钟有大约 2.5 亿吨的物质源源不断地流入太阳才行。

所以太阳在太空中漫步时，一定也在吸收很多游离的小物体，比如包括但不限于单个的原子、分子、尘埃颗粒以及大小各异的流星。流星是一种很小的固体，它们在太阳系中数量众多，并像行星一样拥有自己的运行轨道，在轨道上环绕太阳旋转。然而，这种轨道并非绝对稳定，有时流星就会飞入地球的大气层，并在下降过程中因空气阻力产生摩擦热，也就成为我们看得见的发光的流星。

流星中的绝大多数还没来得及触及地面便燃烧殆尽，仅极少数能够逃脱空气阻力的影响，最终如同普通石块般坠落地表，这类天体即被称为陨石。有的陨石很大，1908 年西伯利亚就曾经落下过一块很大的陨石，产生的空气爆炸摧毁了一大片森林，落地时产生的冲击波甚至传到了几千英里之外[①]。美国亚利桑那州也有一个 3 英里左右像火山口一样的地方，据推测是由一块更大的史前陨石撞击所致。不过这种巨大的陨石其实极其罕见，大部分的陨石都很小，一般就像一颗樱桃或者一粒黄豆那么大。

根据沙普利[②]的计算，地球大气层中每天有数以十亿计的流星化为灰尘或气体，从而导致地球的重量逐渐增加，太阳那就更不必说了。然而即使如此，1 秒钟落入太阳的物质总质量最多也不超过 2000 吨，还不到太阳辐射总量的 1/2000。所以可以肯定的是，太阳正在渐渐消亡，就像海中的冰山会慢慢消融，别的恒星当然也概莫能外。

物理学得出的结论和天文学得出的结论大致相符，我们虽然没有直接的证据，但大量的观测结果都表明，年轻的恒星要比年老的恒星重。这种重量的差距不是简单的几百万吨，而是重 10 倍、50 倍甚至 100 倍。最简单的解释当然就是恒星在漫长的生命过程中失去了大部分的质量。回到我们熟悉的太阳，假设每分钟失去 2.5 亿吨的重量，那么要等上 1 万亿年太阳才会基本消亡，别的恒星情况差不多也是这样，这个时间也就变成了我们对恒星

---

① 即通古斯大爆炸，1908 年 6 月 30 日早上 7 时许发生于现俄罗斯西伯利亚通古斯河附近，爆炸摧毁了该地区面积达 2000 平方千米的针叶林。现在的科学界普遍认为，通古斯大爆炸是一颗直径 65 米左右的石质小行星引发的。——译者注

② 沙普利（Shapley），美国天文学家，主要从事球状星团和造父变星研究，提出了银河系的中心并不是太阳系，太阳系其实处在银河系的边缘。——译者注

寿命的基本估计。

我们还有其他方法来估算恒星的寿命，那就是观察恒星在空中的运动方式。我已经说过恒星与恒星之间的距离非常遥远，所以两个恒星很少能够走得很近，但在它们漫长的生命周期中，一生中总有那么几次机会可以接触到别的恒星。多数情况下，两个恒星之间的引力虽然不能拉扯出行星，但足以改变彼此的运动轨道和运动速度，这种影响在双星系统中尤为显著。

经过长期的研究与计算，我们现已掌握各种必要的数据，所以能够全面评估各类影响因素。基于这些分析，我们可以宣称，恒星的寿命确实可以达到 1 万亿年之久。

然而，也还存在另外一种证据，它似乎指向与上述完全相反的不同结论。尽管这种情况较为特殊，但我们需要详加讨论，只有这样才能理解相对论中最为复杂的部分。

在第四章中，相对论会告诉我们空间本身也是弯曲的，与地球表面的弯曲有着异曲同工之妙。观测日食时，我们会注意到光线是弯曲的，其根本原因就是空间的弯曲；不仅如此，行星和彗星轨道也存在一种莫名的“弯曲”，以前人们认为那是因为存在一些别的“引力”，然而实际上，它也是源于空间的弯曲。按照相对论的说法，物质的存在是引发空间弯曲的唯一原因。假设宇宙中没有任何物质，那么宇宙将会是完全平坦且广阔无限的，但是宇宙并非一无所有，它的空间中有大大小小的物质，这些物质造成了空间的弯曲，物质质量越大，空间弯曲得也就越厉害。

给肥皂泡通电的著名实验可能会使这个概念更加清晰。用普通的方法吹出一个肥皂泡，将其放在金属片上，给金属片通电，随着电流的通过，肥皂泡所携带的电荷将逐步增加，体积也会慢慢变大，直至最终破裂。其实我们的宇宙就像没有破裂的肥皂泡，肥皂泡的大小取决于电荷的多少，宇宙的大小则取决于宇宙中物质的多少。当然两者也不完全相同：其一，即使没有电荷，肥皂泡也有某种固定的大小和曲率，但是如果没有物质，宇宙就是无限大的，也就不存在曲率了；其二，随着电荷的增加，肥皂泡会越来越大，宇宙则正好相反，物质越多，宇宙反而会越小。

爱因斯坦为了使宇宙更像一个肥皂泡，还想了一些别的东西。他提出，宇宙除了因物质分布不均而产生的曲率外，还内在地具有一种固有的曲率特性，并且该曲率会随着物质密度的增加而逐渐减小。

当然还有一种差别是难以避免的，宇宙中物质之间的相互作用主要是万有引力，但肥皂泡中电荷间则主要是静电斥力。也正因此，肥皂泡其实是个相对稳定的结果，电荷越多其越大，新的平衡会自然而然地到来，摇一摇，动一动，然后很快就停下来。但如果把静电斥力换成引力呢？这种稳定还会存在吗？

数学家们给出的答案是，爱因斯坦所描述的宇宙必然处于不稳定状态。要么在膨胀，慢慢膨胀到无限大；要么在收缩，最终收缩为单一的点。宇宙如此，宇宙中的万物当然也不例外。

勒迈特[①] 正是在此基础上修正了爱因斯坦的宇宙模型，得出

---

① 勒迈特（Lemaître），比利时神父、宇宙学家，提出现代大爆炸理论。该理论认为宇宙开始于一个小的原始“超原子”的灾变性爆炸。——译者注

了宇宙膨胀的概念。在他们之前，莱顿的德西特尔[①]教授就曾提出了一种截然不同的宇宙模型。据德西特尔教授的观点，四维时空的宇宙本身就具备曲率，也就是所谓的宇宙常数，反倒是物质本身引起的曲率与之相比根本不值一提，这种曲率的存在当然也会引起宇宙的膨胀或者收缩。

刚开始人们认为这两种观点是针锋相对的，数学家十分期待在他们二者间产生某种决定，等着看德西特尔和爱因斯坦孰是孰非。但勒迈特则证明了，这两种观点并不相互排斥，反倒互为补充——如果爱因斯坦所描述的宇宙在不断膨胀，物质逐渐变得稀薄，那么这样的宇宙就会逐渐趋近于德西特尔所描述的宇宙状态。两种宇宙模型就好比一根链条的两头，但这两头不是在拔河，宇宙的演变实际上是沿着这根链条逐步进行的，爱因斯坦模型在起点，德西特尔模型在终点。因此，真正的问题并非宇宙位于链条的哪一端，而是宇宙已经沿着这根链条走到了何处。

这两种宇宙模型都有一个共同的特点，那就是宇宙中的物质一定是在运动的，要么在互相远离，要么在互相靠近。链条两端的爱因斯坦模型和德西特尔模型是这样，整个链条上演化的宇宙自然也是这样。

这些结论就非常有意思了，很多年前就有人说过，那些遥远

---

① 德西特尔（Willem de Sitter），荷兰数学家、物理学家和天文学家，1932 年和爱因斯坦共同发表论文，声称宇宙可能有大量不发光的物质，就是今日所说的暗物质。德西特尔还提出了爱因斯坦广义相对论的解，即德西特尔宇宙和德西特尔空间，其中并无物质和正值宇宙学常数。——译者注

的旋涡状星云似乎总是以某种方式在逐渐远离地球。实际上，星系间的相互远离速度似乎与它们间的距离相关，相距越远，远离的速度也就越快。最近就有人在威尔逊山上用100英寸的望远镜观察过一块星云，发现它远离地球的速度达到了惊人的15 000英里/秒。

在威尔逊山实验室，哈勃博士和赫马森博士对这个问题进行了专门的研究，他们认为星系远离的速度与星系距地球的距离成正比。如果相对论的宇宙模型是正确的，那理应也有类似的结论。例如，对于距地球1000万光年的星系来说，远离速度差不多是900英里/秒；换作离我们5000万光年的星云，远离速度则达到了4500英里/秒。

这些数据有着重要的价值，经过逆向推算，我们可以发现，数十亿年前，包括太阳系在内的所有星系其实都聚集在一起。这意味着，我们所生活的宇宙实际上正在经历着持续的膨胀过程，所有的起源都可以追溯至数十亿年前。

如果这些结论属实，那我们就很难说那些恒星的寿命长达1万亿年。更为准确的表述应该是，它们有将近1万亿年都在一起，最近才渐渐分开了些。可以试想把时间尺度缩小一点，即差不多999年时它们就聚集成一个点，到1000年开头的时候才开始彼此退行——一旦有朝一日这种退行被证实，那么宇宙的年龄也极有可能仅为几十亿年①。

① 目前的研究成果表明，宇宙的年龄约为138亿年。——译者注

证明这一点并不容易，实际上，那些所谓的退行速度并非直接观测所得，而是基于多普勒效应的间接推算结果。如果大家留心观察就会知道，当汽车驶离时，其声音相较于接近时会更为低沉。同样的道理，如果一个物体正在远离我们，那么它发出的光自然也要红一些。光的颜色就和声音的高低是一样的，天文学家都有一条精心校准过的光谱带，对着这条光谱带，他们不仅能知道物体是在靠近我们还是在远离我们，还能知道靠近和远离的速度，天文学家认为星系在远离我们的唯一理由就是它们看起来要红一点。

实际上让光变红的原因有很多，以太阳为例：太阳本身的重量就会让日光变红，太阳的气压也能把日光变红，日光照射到地球的大气层中，又会因为别的原因变得更红，比如我们在日落时看到的太阳明显就要比其他时候更红一些[①]。不仅如此，有一种特殊星球的光红得还很是古怪，人们至今为止也不知道是什么原因。而且按照德西特尔的宇宙理论，距离本身就可以使星光变得更红。因此，对于遥远的恒星而言，即使它们静止不动，其发出的光在观测者看来也会显得比正常的更红。

最近，美国加利福尼亚学会的兹维基[②]博士还提出了另一种观点。他指出，红移现象是由于光子在穿越宇宙的过程中受到引

① 日落时太阳呈现红色，是由于光线在穿越大气层时受到散射和折射的影响，短波光如蓝光受到更大程度的散射，而长波光如红光则能较好地穿过大气层，因此我们看到的太阳显得更红。——译者注

② 兹维基（Zwicky），瑞士天文学家，主要贡献是对超新星现象的研究。——译者注

力场作用逐渐丧失了能量所造成的。前面我们曾经介绍过康普顿散射实验，辐射在碰到电子时也会弯曲且变红，也就是说，辐射会受引力影响而发生弯曲，兹维基博士则进一步指出，该过程中辐射也会发生红移。

为了进一步验证这种猜想的合理性，布鲁根克特找了与地球距离相同的星系群，每个星系群与地球间的物质显然并不相同。如果这些物质的引力不会造成红移，那么这些星系群的光到地球上应该是一样红的。实验结果显然站在了兹维基博士一边，几个星系群的光并不完全一致，不仅如此，中间物质的总量也与兹维基博士理论预测的颇为一致。

因此，红移现象是否足以证明星系之间的相互远离，科学家的观点并不一致。对于银河系中的其他恒星而言，情况都不一定如此；对于更远的星系和星云，情况则更加不确定。至少，兹维基博士为我们提供了红移现象的另一种解释。

除此之外，还存在诸多其他证据，表明星系间的相互远离可能只是少数人的臆想。例如有的星系射过来的光就不是更红，而是比平时要更蓝。如果红移意味着退行，那么蓝移就意味着这些星系正在靠近我们。再者，星云的视速度与它们之间的距离并未呈现出严格的正比关系。人们曾经观察到过一个距离我们 700 万光年的星云，它的运动速度只有 640 英里 / 秒，速度变化却高达 240 英里 / 秒。

然而可以肯定的是，如果宇宙结构真如前文所述，那星系之间一定是在彼此远离。红移并不否定退行，只是无法确定退行的速度，这一点哪怕兹维基博士和布鲁根克特也不会怀疑。他们质疑的，是天文学家仅凭光谱变红这一现象来推算运动速度的准确性。这种变红的大部分原因显然可能由于兹维基提出的效应，再或者是别的什么情况，只有一小部分代表了真正的退行运动。可悲的是，如果真是这样，那么确定退行运动的速度无疑是大海捞针，难上加难。

显然我们又遇到了一个悬而未决的问题，如果红移现象中大部分并非由退行引起，那宇宙的年龄显然要大于几十亿年，恒星寿命也当然要因此做进一步修正。

前面我们说过，太阳每分钟都会辐射掉 2.5 亿吨的质量，详细的计算表明，太阳在诞生之初显然比现在要重很多倍——实际上，年轻恒星的质量也比老恒星大许多倍。那它曾经又是如何储存这些消失的质量的呢?

一般情况下，电子或其他带电粒子的静止质量显然远超其能量中所蕴含的质量部分。但是如果在温度极高的情况下，后者就会变得非常重要。当然，即使是在太阳的中心，温度达到 5000 万度，太阳总质量与静止质量的差别也微乎其微，能量所带来的质量只占总质量的二十万分之一。新生时的太阳也不会比现在的太阳热到哪里去，消失的那些质量也就一定大部分都是静止质量。所以真相只有一个，那就是新生太阳的电子及其他带电粒子总量要远远高于现在的数目，原子数当然也不是现在的原子数所能比拟的。在太阳漫长的生命周期中，那些辐射掉的质量，必然主要源自这些消失的原子。

有些人认为这种说法荒唐无稽，说这种观念已经超出了“实验室物理学”的范畴。好在实验室物理学还真的给出了一些证据，这些证据虽然不是绝对确凿，却能肯定一件事，那就是宇宙深处的物质在大规模地毁灭着。

对于宇宙深处物质的毁灭，我们难以给出直接证据。因为即使原子毁灭了，很快，这些辐射便会被沿途的星体吸收，随后以常见的光和热形式再次辐射出去。星体再辐射出来的就是寻常的光和热了，那些湮灭的原子当然无迹可寻。

对天文学事实的数学分析表明，原子湮灭应该和放射性衰变一样，都是一个自发过程。如果是这样的话，那原子湮灭就没有理由仅仅发生在恒星内部，因为不论在哪里，只要物质足够多，密度足够高，那就一定伴随着原子的毁灭。

这种毁灭的最简单形态，当然是一个电子和一个质子的同时毁灭。大家不妨想象一幅生动的图画，电子和质子在相互吸引之下越来越近，最终冲向一起，电荷相互中和，结合的能量则以光子的形式被辐射出去。

前面我们已经说过，原子发射辐射时依然遵循质量守恒定律，这并不是说原子本身的质量是不变的，原子还有一部分质量由光子带走，成为光子的质量，总质量是守恒的。类似地，如果一个电子和质子相互结合，电子、正电荷粒子以及后来辐射出去的光子等整个系统的质量依然是守恒的。计算一个电子和一个质子的质量再容易不过了，因为它正好等于一个氢原子的质量。所以如果原子湮灭真的在发生，那就应该有很多总质量和氢原子差不多的光子穿梭于宇宙中，其中一部分当然也会落到地球上。

在某些情况下，光子的质量可能极大。假设一个原子瞬间消失，全部能量都转化为一个光子，那么这个光子的质量将等同于该原子的总质量。我们当然可以认为所有物质都由电子和质子构成，但实际上有一种结构也特别稳定，它包含四个核子和两个电子。放射性衰变中经常能够看到前者，人们也称之为 α 粒子。除了氢原子以外，最简单的应该是氦原子，氦原子就包含一个 α 粒子和两个绕轨道旋转的电子。按照上面的说法，如果是氦原子发生湮灭，那么这种情况下产生的光子将具有与氦原子相同的质量。

因此，上述两种光子实际很容易区分，因为它们的质量远超普通光子。大家可以把这些光子想象成一群子弹，速度相同的情况下，子弹越重，破坏力当然就越大，穿透力也就越强，一群光子也是一样的。实际上，科学界已有专门用于计算光子穿透力的公式。根据这一公式得出的结果，质量相当于氢原子或氦原子的光子，其穿透力相当恐怖。

我们之前提及的那种极具穿透力的宇宙辐射，即能够穿越数码铅层的辐射，关于其本质目前尚存争议。一种观点认为，它是一种辐射；另一种观点则认为，它是由高能电子流所构成。之所以存在这种不确定性，是因为要使电子穿透如此厚的铅层，那么就必须拥有极高的能量来维持其速度。

当然现在这种争论已经有了结果，如果真的是一群电子从外太空落到地面上，那么就会受到地球磁场的影响，大部分的电子都会改变方向，落在地球的两个磁极附近。然而宇宙辐射的情况不是这样，各个地区观测到的宇宙辐射强度都差不多。例如，英国、澳大利亚和新西兰的南极科考队在距南磁极 250 英里范围内发现的辐射强度与其他观测者在远离磁极地区观测的强度相同。人们也由此断定，宇宙辐射是一种真正的辐射，而不是一群电子。既然如此，我们就可以利用上面提到的公式，根据所观测到的辐射光子的穿透能力，推断出它们的质量。

很多科学家都为研究这种辐射的穿透力付出了巨大的努力，美国帕萨迪纳的密立根[①]教授团队和德国斯图加特的雷格纳教授无疑是其中的佼佼者。他们都发现，宇宙辐射的成分其实很复杂，可以说是由不同质量的光子混合而成的。特别值得注意的是，其中穿透力最为强大的两种光子的总质量，几乎分别等同于氦原子和氢原子的质量。换句话说，它们很可能来自质子和 α 粒子在遥远太空深处发生的湮灭，前者与一个电子同归于尽，后者则和一对电子寿终正寝。

这里需要说明一下，其实测量光子的总质量是一件非常困难的事情。人们往往只能通过穿透性去反推光子的质量，结果大致相当于预测值的 5%。而实际上关于穿透力的测量，目前的条件也很难比这个更精确。尽管如此，多数研究者并不认为此现象仅为偶然，于是就推测电子与质子间的相互湮灭可能是辐

---

① 密立根（Millikan），美国实验物理学家，精确测定了基本电荷值，积累了一些不同高度不同地区的宇宙辐射实验数据，发现了宇宙射线的纬度效应大小与经度有关。——译者注

射产生的根源。

目前，关于宇宙辐射的起因，学术界仍存在争议。其中，密立根教授提出了一种观点，他认为宇宙辐射可能源自较轻原子转化为较重原子的过程，并认为宇宙辐射是“造物主仍在创造”的证据。我们可以举一个简单的例子，1 个氦原子和 4 个氢原子包含的粒子正好相同，都是 4 个电子、4 个质子[①]，但是氦原子的质量却只有氢原子质量的 3.97 倍。

换言之，当 4 个氢原子结合成 1 个氦原子时，会产生相当于氢原子质量 0.03 倍的能量损耗，这种损耗当然可能以光子的形式被辐射出来。不过也有别的可能，比如整个过程可能分为好几段，辐射出来的可能就是很多小的光子，而不是 0.03 倍氢原子质量的大光子。即使光子真的有这么大，它与宇宙辐射的穿透力相比也相形见绌。此外，也不能排除合成产物并非氦原子，而是氙原子。那样质量损耗得更多，生成的光子能量当然也就更大，穿透力也会更强。

当然，这种假设经不起推敲的原因还有很多。比如，假设宇宙辐射中最强部分源自氢原子撞击生成巨大原子的质量损耗，那新生成原子的原子量大约是 500，很显然至少目前为止这种原子并不存在。再比如，哪怕是次强的宇宙辐射也不好解释，辐射本身的量很大，但各方面证据都表明，在茫茫宇宙中，氙原子或者

① 这种说法并不准确，主要是受限于当时的科学发展水平，实际上核子包括质子和中子，而不仅仅是质子。本书出版于 1930 年，两年以后英国物理学家查德威克才在用 α 粒子轰击铍的实验中发现了中子。——译者注

别的类似原子可不常见。所以抛开不太强的宇宙辐射不说，那些很强的宇宙辐射貌似只能用物质的湮灭予以解释。

如果不算太阳光，宇宙辐射可以说是地球最主要的天外来客。根据密立根和卡梅隆的计算，宇宙辐射约占地球上所有“天外来客”的十分之一。有鉴于此，我们不难推断，宇宙辐射显然不只光顾地球，整个银河系，甚至是整个宇宙都应该有它们的身影。

宇宙辐射具有强大的穿透性，这是其固有的特性，也正因此它们才能跋山涉水万亿年不朽。因此，我们有理由相信，整个空间或许就沉浸在这种亘古以来的宇宙辐射里，这些辐射不仅来自深空，同样来自远古。它们走过万亿年，穿过茫茫的宇宙，给我们带来了远古的消息——曾经，在宇宙深处的某个地方发生了惊人的大爆炸。

如果你认同我们对于宇宙年龄的推测，也相信上文关于高穿透性宇宙辐射的论述，那么就有理由相信物质和辐射就是宇宙的本质。如果真是这样，那么物质守恒定律就完全没有必要存在了，质量守恒定律和能量守恒定律则可实现完美统一，也可以说三大守恒定律本质上是一致的。物质当然可以有很多种形态，但本质上就是物质和辐射两种形态。物质和辐射的总和就是宇宙的全部活动，这个整体是守恒的，永远不会增加，永远也不会减少。当然，这一整体始终处在不断变化之中。据我观察，所有证据均表明，除了少数微不足道的例外，这种变化的方向似乎是一致的——那些曾经触手可及的物质终归会逐渐转变为无法触摸的各种射线。

感谢诸位读者的耐心，这些概念我们貌似已经讨论了很长时间，因为它们显然对宇宙的基本结构有着至关重要的影响。在第二章中，波动力学把整个宇宙简化成了波。那么把两章结合起来看，结论就呼之欲出了，电子和质子显然是一种波，辐射则是另一种波。这两种波动形式在特定条件下可以相互转换，通常，我们观察到物质转化为辐射的现象，正如蝴蝶由蛹羽化而来。然而，在特定条件下，辐射也有可能重新转化为物质，正如蝴蝶在生命周期的某个阶段会退化为蛹。

当然，这并不意味着物质和辐射一定是一回事。“物质向辐射的转变”这一概念在科学领域仍具有其独特的意义，只不过现在看起来已经远不如 26 年前我第一次提出它时那么具有革命性。我们显然并不知道所有的事实，即使真的知道，也很难用非技术语言准确地表达，我们只能近似地说，物质和辐射可能是两种波—— 一种绕着圈不停地转，另一种沿直线传播。后者以光速传播，而前者的运动速度相对较慢。莫沙拉夫等人甚至设想过，物质只不过是一种凝结的辐射，所以运动速度才会远低于辐射本身的传播速度。

经过前面的探讨，我们已经了解到运动粒子的波长取决于它的速度，所以光速运动的粒子必定与同质量的光子具有完全相同的波长。这一点很重要，它连同其他一些相关事实，共同指向了一个可能性：辐射与物质之间可能存在着本质的联系，即辐射只是以光速运动的物质，物质则是以低于光速运动的辐射——当然，要想证明这一点，科学依然任重而道远。

总结一下，我们就会发现，现代物理学的趋势就是把整个物质宇宙分解成两种波：一种波好像被装在瓶子里，我们称之为物质；另一种则没有被装在瓶子里，我们称之为辐射或光。物质的湮灭不过是释放被禁锢的波能，从而让它可以自由地在空间中传播。整个宇宙也就简化为一个辐射的世界，既然如此，那些构成物质的基本粒子表现出波的特性还有什么好奇怪的呢?

第四章
相对论与以太

总结前面的章节，我们可以得出一个结论，把整个宇宙归结为波已经是时下的共识。既然是波的传播，那就一定需要介质，我们暂时说这些波是在一种或者多种以太中传播。已故的索尔兹伯里勋爵曾经用“摆动”“起伏”等词语定义以太。我们姑且承认这种定义，并且假设以太真的存在，那么近代物理学其实是把整个宇宙放进一种或多种以太里去，宇宙的真实性质必然隐含在这些以太之中。那么，这些以太的物理性质究竟是什么呢？

先说结论，所谓形成宇宙的以太和以太波都是无稽之谈。但这并不妨碍我们讨论以太，以太至少曾经在我们心里存在过，否则我们也不会在这里讨论它。与之相对的是外界真实存在的东西，也可以叫它实体或者真相，科学研究的对象显然正是后者。稍后我们将看到，这些真实存在的实体与 50 年前科学家所设想的以太、以太波截然不同。从严谨的科学角度来讲，以太和以太波简直就是子虚乌有。

大约两个世纪以前[①]，以太观念进入了科学研究领域，但凡科学上遇到没有办法用现成定律解释的现象，科学家就创造出一种弥漫天地的以太。这些以太被定义的性质恰恰能够解释当时无法解释的现象，其中最典型的莫过于“超距作用”——当时还没有场的概念，人们普遍认为相互作用之前必须存在接触，哲学家笛卡儿[②]甚至提出，两物体之间的距离是它们之间有其他物体的有力证据。

所以但凡遇到“超距作用”相关的现象，比如磁铁能够吸铁、苹果会坠落到地面等，科学家的第一反应就是求助于无所不在的以太，这种对以太的依赖在一定程度上形成了一种“以太习惯”，一度让科学家沉浸于此无法自拔。麦克斯韦曾经评价说：“人们构想出了形形色色的以太理论，设想行星在其中游弋，以太构成了电和磁的‘气层’，还负责传递我们的感觉。随着时间的推移，宇宙中似乎充斥着多重以太。”直到最后，以太的种类差不多和物理学上不能解决的问题一样多。

当然严格的科学也在慢慢淘汰各种以太，直到50年前只剩下一种以太，那就是传输光的以太。科学家将其类比于密封蜡等材料。在机械冲击的快速作用下，它相当坚硬但也极其易碎，但

---

① 这里是相对于书出版的1930年来说，目前应该算是三个世纪，下同。——译者注

② 笛卡儿（Descartes），法国哲学家、数学家、物理学家，西方现代哲学思想的奠基人之一，是近代唯心论的开拓者，提出了“普遍怀疑”的主张；发明了坐标系，将几何和代数相结合，创立了解析几何学；首次明确提出了动量守恒定律。——译者注

如果静置足够长的时间，它就会在自身重量的作用下像蜂蜜一样流动。按照这个类比，经典物理学认为，充斥星际空间的以太就像密封蜡一样，对于光的传播这种高速扰动，它的表现类似于坚硬的固体；而面对运动速度只有光速几千分之一的行星和恒星等天体，以太又会变成优秀的"液体"，任由它们自在地穿行[①]。

天文学上的光行差等现象都证明，即便以太确实存在，地球与其他天体的运动亦不会受到其影响。换句话说，以太可以毫无阻碍地穿过地球等天体和天体之间的空间。托马斯·杨曾经有过一个并不恰当的比喻，说是好比"微风吹过树林"——之所以说不恰当，是因为风吹过时，树叶会因风的力量摆动，但以太可不会施加这种力量。因此，在研究汽车运动时，我们仅提及空气阻力，却从没有人提及什么"以太阻力"。

因此，假如以太真的存在，那么不论以太风的速度是1英里/时还是1000英里/时，对我们都没有影响。这与牛顿的动力学原理推论是一致的：

推论五：物体在空间中的运动是物体相对于空间的运动，不论空间是静止不动还是正在向前运动，这种相对运动本身并无差别。

牛顿还举了个例子："就好比我们坐在船上，不论船是静止不动还是扬帆前行，一切运动都以同样的方式发生。"

---

① 这里原文有些复杂，译文结合《从一到无穷大》做了适当更改。——译者注

这个朴素的原理告诉我们，如果是在船上做实验，那么也就没有办法确定船本身行驶的速度。如果真的风平浪静、水面接天，要是不以海本身为参考系，我们甚至连船往哪个方向行驶都不知道。

以太风也一样，如果它会影响地球上的物体，那么它所引起的扰动，当然可以表征以太的速度，就像树枝的运动可以显示出风的速度一样。但上面的原理告诉我们，事实并非如此，所以我们只好另辟蹊径。

假如一个海洋旅行者行驶在茫茫大海上，只能观察到船中的一切，当然无法测定船的速度。但是只要他把眼光朝向大海，那么测定船速的问题便可迎刃而解。比如他可以拿一条绳子系一个铅块抛入水中，当铅块落入水中时，会在水面上激起一圈圈波纹。波纹的中心相对于大海显然是静止的，随后，只需观察船尾绳子相对于这个静止波纹中心的移动速度，便可准确得出船只在海面上的行驶速度。

如果地球真的行驶在茫茫的以太海中，相似的实验自然也可以测量出地球相对于以太运动的速度，著名的迈克尔逊－莫雷实验应运而生。迈克尔逊－莫雷实验把地球当成一只船，扔铅块的地点在美国克利夫兰大学物理实验室，“铅块入海”的过程则用一个光信号来代替，并且假定这个光信号也会在以太的海洋上散出一圈波纹。

尽管我们无法直接观测到这种波动，但通过光学原理，我们可以用镜子将光信号反射回其原始出发点，从而推断出波动的情况，并以此判定光往来所需的时间及其受到的影响。假设地球在以太中保持静止状态，那么无论光的传播方向如何，只要距离保持不变，那么光的往返时间应当是一致的。但若地球在运动，比如在以太海中向东行驶，我们就能够看到一定距离内，由东往西再由西往东的时间要比由南往北再由北往南的时间要稍微长一点。

这里面其实并没有什么深奥的原理，稍微有点常识的都知道，划船时逆流划 100 码再顺流划 100 码，总耗时显然要比垂直水流方向划 200 码长一些。假如把划船的人变成两个，那么两个人所需的时间差就可以帮助我们计算出水流的速度。同理，迈克尔逊－莫雷实验中，两束光线也在进行类似的“比赛”。如果它们之间的时间存在差异，就能够反映出地球在以太中的运动速度。

多次实验验证的结果均显示两个光线返回的时间完全相同，没有任何差异。实验结果似乎表明，如果地球真的在以太海中，那么地球在以太海中的运动速度就是零。若此推论成立，那就是说以太中的太阳及其他所有物体将围绕地球进行旋转，我们貌似又回到了哥白尼①之前的地心说时代。

斐兹杰惹②于1893年及洛伦茨③于1895年分别独立提出了一

---

① 哥白尼（Nicolaus Copernicus），文艺复兴时期波兰天文学家、数学家、教会法博士、神父，提出了日心说，著有《天体运行论》。——译者注

② 斐兹杰惹（FitzGerald），爱尔兰裔物理学家，依据麦克斯韦方程提出制造急速振荡电流即可产生电磁波的仪器。——译者注

③ 洛伦茨（Lorentz），荷兰理论物理学家，推导出了爱因斯坦的狭义相对论基础的变换方程，也就是现在人们熟知的“洛伦茨变换”。——译者注

种不同的解释。他们提出了一个问题，即尽管我们可以用尺子测量光线经过的距离，但是如何保证尺子本身不发生形变呢？如果考虑迈克尔逊－莫雷实验的设备也面临类似的问题，那么光“逆流＋顺流”走过的路显然要比“横渡”以太海走过的路短一些，如果距离上的差别正好可以弥补时间上的差距，那么得到这个实验结果貌似也不意外，如图 3 所示。

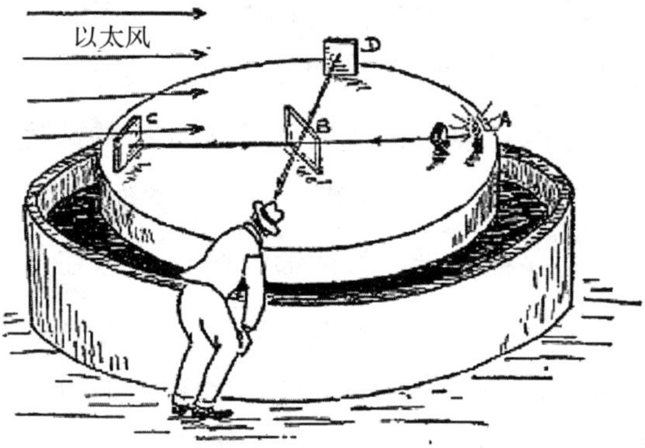

图 3[①]

这样一来就顺利解释了为什么迈克尔逊－莫雷实验没有达到

① 这里原图有些模糊，为了方便读者看，借用了《从一到无穷大》里的迈克尔逊－莫雷实验示意图。图中装置的核心部件是中间的半透明玻璃镜 B，上面镀有一层薄薄的金属银，光线经过 B 镜时一半通过镜子、一半被反射回来。这样，从光源 A 射出的光束在 B 处被分为相互垂直的两束光，分别射向平面镜 C 和 D，经过两个平面镜反射后，两束光重新回到 B 镜，其中 D 镜反射光的一部分透过 B 镜，C 镜反射光的一部分又被 B 镜反射，两束光再次汇聚成一束光，最终传至图中的观察者。根据一条著名的光学原理，这两束光会发生干涉，并形成肉眼可见的明暗条纹。如果 BC 和 BD 距离相等，两束光同时回到 B 镜，明暗条纹将正好居中；而如果两个距离稍有差异，一束光就会比另一束光稍晚回到 B 镜，明暗条纹也将向左或向右移动。——译者注

预期的效果。理论进一步揭示，所有度量均会出现缩短现象，而这种缩短程度恰好能够掩盖地球在以太中的运动，因此其他类似的实验同样未能成功。当然科学界不仅仅只有一种测量方法，光、电等都可以用于测量两点之间的距离，于是就有人想到，虽然实体的尺子失效了，但是其他类型的测量“棒”，例如光或者电或许能够奏效。很多科学家都跃跃欲试，其中已故的瑞利勋爵、布莱斯和特鲁顿在这方面很有名，他们用尽了各种各样的方法反复尝试，结果却依然不尽如人意。就好像地球在以太中的速度是 x，那么一切人类发明的测量工具就自带“$-x$”的速度，从而在两者的综合之下，一切测量结果都是零。

多年的实验研究结果表明，自然界好像有一种有组织的阴谋，这种阴谋的本质就是要掩饰地球在以太中的运动。当然这只是普通人的说法，科学家可不会这么说，他们宁可说有一种自然规律存在，让我们没有办法观测到地球在以太中的运动。但从哲学的意义上来说，这两种说法其实并无差别。

没有科学态度的发明家也许会失望地说：是自然界的阴谋让他们的永动机无法成功；科学家显然更加客观，他们知道真正的障碍是自然规律。前者就像那些热心而意气用事的社会改革家和无知的政客，他们总会认为在经济运行中好像有什么阴谋让他们的想法难以落地并起效，殊不知其实违反了经济规律的正是他们自己。

1905 年，爱因斯坦提出了一个新的自然假说，他说：“自然界本身的性质让我们没有办法运用任何实验方法测量绝对运动。”

这是相对论原理的第一个表述。

奇怪的是，爱因斯坦的话又回到了牛顿那里，牛顿在其理论中曾说过：

也许是在最远的恒星那里，也许还要更远，存在着绝对静止不动的物体。但是在我们目力所及的范围内，我们没有办法确定哪一个物体和最远的物体处于同一位置，所以也不可能用我们四周的物体定义绝对静止。

牛顿还补充道：

即使真的有什么介质遍布在整个空间中，这一结论也依然成立。

换句话说，牛顿其实早已预见到，如果没有弥漫宇宙的以太，我们就没有办法确定运动的绝对速度；而如果真的存在一种不动的参照物，我们就可以确定一切的运动状态。

牛顿以后的两百多年中，科学家讨论的其实就是这种介质的各种性质，其中最重要的莫过于他给了我们静止的标准，让我们能够测量出一切运动的真正速度，但是现在，爱因斯坦把这一切都推翻了。

爱因斯坦的解释完全是颠覆性的，静止和运动纯粹变成了一个相对的概念——至少目前为止天文学上还没有发现牛顿所谓

“静止不动的物体”。每每风平浪静之时，船的静止只是相对于地球来说的，地球仍然在绕太阳公转，所以船相对于太阳还是运动的。这个范围还可以扩大，即使真的存在相对于太阳系静止的船只，那么它也会随着银河系相对其他星系高速运动。如果没有原来所谓的充满整个宇宙的以太，那么绝对静止似乎也就失去了意义，更遑论什么绝对静止的物体。爱因斯坦其实是告诉我们，就现有的自然现象而言，随便什么都可以是“绝对静止”的，只是看我们如何定义。

就比如我们说这间屋子是绝对静止的，定义上没有任何问题，大自然也不会否定我们。如果说“地球在以太中的运动速度是 1000 英里 / 秒”，按照以前的想法就是以太像风一样以 1000 英里 / 秒的速度吹过地球。但相对论则说屋子里的一切都和这风没有关系，不论“风速”是 1000 英里 / 秒也好，是 100 000 英里 / 秒也罢，当然速度为零也不例外，都不会有任何变化。

实际上，机械现象与以太的无直接关联并不出奇，这一点牛顿早就论证过了。然而，令人困惑的是光和电，为什么它们也不受“以太速度”变化的影响呢？人们不免要问，所谓动则生风的以太是否真的存在，还是只限于我们杜撰的幻想中。我们始终要牢记，以太原本就只是一种假设，以太源于物理学家对经典力学的坚定信仰，试图以此解释世间万物，故而引入了“以太”这一假定介质来解释光波与所有其他的电磁现象。

为了使假设成立，他们给以太定义了各种各样的性质，能推、能拉、能扭……不仅如此，以太在完成这纷繁芜杂一切的同时还要隐身。更匪夷所思的是，不论实验者静止不动还是日行千里，以太都能既圆满完成任务又始终隐藏行迹。

不妨说说所谓的静电力。按照原来的说法，一个带电的物体就好比在以太海里硬塞了点东西，周围的以太当然也就被压得更紧，如果附近还有一个带同类电荷的物体，二者之间的静电斥力就是这些被挤压的以太传递出来的。

假设这两个带电的物体不是静止的，而是以相同的速度在以太中运动，比如说每秒从东向西走 1000 英里。在此情况下，这两个物体间的相互作用并未发生改变。因此，根据相对论的观点，我们所观察到的现象与先前两个物体处于绝对静止状态时的情况保持一致。值得注意的是，尽管这种相似的现象表面看起来相同，但其产生的机理存在根本性的差异。在静止状态下，静电斥力主要源于被挤压的以太；而在运动状态下，除了这部分作用依然存在外，还新增了磁力这一与前者完全不同的作用机理。

更复杂的电磁现象也是一样，一般都由上述两种机理以不同比例叠加而成。总而言之，如果想用经典力学解释这些现象，就必须考虑两种完全不同的作用。大自然显然不喜欢拖泥带水，科学应该有简洁的美，所以我们总觉得这种双重作用有哪里不太对。想象一下，假如牛顿说苹果的坠地是因为双重的引力作用，一种在秋天有效，一种在夏天有效，那么大家还能接受这种万有引力吗？

牛顿自己就执着于这种简洁的美，他的理论包含一套“哲学中的推理规则”，其中前两个规则如下：

规则一　对于自然事物，我们一定要究其本质原因，在本质原因之外不应该存在其他原因。哲学家说得再明白不过了，大自然喜欢简洁、厌恶冗余，它绝不会白做一件事。

规则二　“种什么因，得什么果”，反之也一样，原因必然也相同。比如人类的呼吸和鸟兽的呼吸，欧洲石头的变迁和美洲石头的变迁，煮饭的火和太阳上的火，地球上光的反射和行星上光的反射，等等，一切相同的现象都应该有相同而单纯的原因。

不仅如此，人们还有更有力的理由去质疑以太，质疑传播辐射和传递电力的并不是所谓的以太。

我们已经看到，电、磁、光好像都在参与一种帮助以太隐身的阴谋，但万有引力还在。与电、磁、光不同的是，万有引力可以在很远的地方发挥作用。万有引力与距离有关，引力因距离的变化而变化，对于同样的物体，如果距离相同，那么引力当然也一样。所以至少在理论上，万有引力定律可以成为一种度量距离的标尺。

传递电力的以太显然很难同时传递引力，因为我们赋予以太的那些性质可以说就是为了解释电力、磁力而定义的。那么我们当然希望“万有引力标尺”可以不受斐兹杰惹－洛伦茨收缩的影响，当然希望这把“希望之尺”可以度量出地球的运动速度。

让我们举一个简单而具体的例子来考察这种可能性。假设地球是个理想的球体，地心距离地面处处相等，引力也相同。若这个理想的地球在以太中的运动速度为1000英里/秒，那么在其运动方向上，斐兹杰惹－洛伦茨收缩会引起其直径缩小600英尺。也就是说，这个收缩的直径两端点要比别的地方更接近地心，万有引力也更大，这个理想地球上所有移动的物体都会从别的地方滚到这两点来。

当然，即使实际情况真是这样，我们也不可能观察到这种结果。因为真实的地球高低不平，山岭丘壑纵横交错，起伏高度远超600英尺。但与之类似的现象并不少见，最典型的莫过于行星近日点的运动。然而观察结果再一次令我们大失所望，万有引力好像与电力、磁力一样，都是大自然的帮凶，都在掩盖以太中的运动，曾经被寄予厚望的“万有引力标尺”一样会受到斐兹杰惹－洛伦茨收缩的影响。然而，万有引力显然不能通过以太传递，那么万有引力定律又是如何受到这种影响的呢？或许真相只有一个，那就是斐兹杰惹－洛伦茨收缩根本不存在，机械以太本就是子虚乌有。

好像一切又都回到了原点，其实真正的困难在于我们刚开始就假设自然界的一切事物都可以用经典力学来解释，并且由此臆断光波也不例外。简而言之，我们总想把宇宙当成一台硕大的机械，这种思想把我们引入一座庞大的迷宫，所以人们才在其间苦苦追寻一个合适的向导。

其实与其执着于经典力学，还不如好好想想奥卡姆剃刀原理——“如无必要，勿增实体”。从哲学的意义上讲，这句话与牛顿可谓英雄所见略同。或许我们就应该舍弃经典力学，舍弃从那里延伸想象出的以太。

想要补上这个漏洞，最好的办法当然是请出相对论，就像爱因斯坦说的："大自然的本质决定了我们没有办法用实验确定绝对运动。"乍一看，它与以太似乎并无关系，这种说法好像也并不能补位以太逝去的空缺。但事实上相对论的本质和以太恰恰相反，后者力图给我们一套固定的标准，力图定义一个初始假设并将其强加给我们所观察到的一切，而相对论的主旨正好在于反对这种假设，因此这两者是完全对立的。

正因为它们是针锋相对的，所以完全可以用同样的实验方法来验证。那些试图证明以太的实验每失败一次，就会给相对论再加上一枚胜利的勋章。很显然，迄今为止，所有的实验结果都在支持相对论。

机械以太就这样成了历史，取而代之的是相对论。革命的导火索于 1905 年点燃，那是爱因斯坦在同年 6 月发表的一篇短文，探究自然奥秘的使命发生了根本性的变化。在那之前，人们看到的是冲锋在前的工程师与科学家，而在那以后，一切都变成了纯数学的探索。

在此以前，我们总以为空间是围绕在我们周围的东西，而时间是从我们身边流过甚至穿过我们的东西，两者相互独立，有着根本性的不同——我们可以重走来时的路，却无法让时光倒流；我们能风驰电掣、能蜗行牛步甚至能纹丝不动，却挡不住时间"逝者如斯夫"。所有人都认为，无论何时何地，无论对于何人，时间总在均匀地流逝。

但是爱因斯坦点燃了星星之火，四年之后明科夫斯基[①]则进一步给出了那个惊人的结论，即大自然并不知道这些我们笃信无疑的常识。

前面我们已经知道，一切物体都是一堆带电粒子的集合，所以一切现象自然也是电现象的集合。明科夫斯基告诉我们，这些与电相关的现象并不是独立发生于时间或空间之中，一切现象都是同时发生于“时空”之中，彼此纠葛，从严格意义上说，我们无法说明什么现象是纯时间的，也无法说明什么现象是纯空间的。

把长和宽结合在一起，我们就得到了一个平面——比如一片棒球场。每个运动员都会基于自己把球场分为两半，投手的前方正好是击球员的后方，裁判看来却只是从左向右。但是棒球压根就不知道这些，投手把它投到哪里，它就到哪里去。支配棒球运动的是自然规律，而在自然规律眼中，棒球场的整个平面是一个不可分割的整体，没有独立的长，也没有独立的宽。

如果我们进一步把二维的平面和一维的高度结合起来，就得到了三维的空间。考虑到地球的引力，我们总会把空间分成两部分，一部分是与地面平行的平面，另一部分则是与之垂直的“高度”——在这个方向上，我们显然无法把球扔到很“远”的地方。但在很远很远的地方，自然规律可不知道这些，它不认识什么地平线，也不知道有什么“垂直方向的高度”，在大自然眼中，三

---

① 明科夫斯基（Minkowski），德国数学家，四维时空理论的创立者，曾经是著名物理学家爱因斯坦的老师。——译者注

维空间就是一个整体，没有独立的长与宽，自然也没有独立的高。

我们的推理从一维到了二维，又从二维到了三维，但是从三维到四维要难得多，因为我们没有四维空间的直接经验——更重要的是四维空间中有一维是时间，不是我们常见的空间。相对论说的就是这种四维时空，三维是空间，一维是时间。

我们不妨简化一下，把四维时空变成二维时空，一个维度是长度，一个维度是时间。如图 4 所示，10:30 火车离开伦敦帕丁顿车站，行驶 260 英里后，14:30 到达普利茅斯。图 4 就是一个二维时空，横轴代表从伦敦到普利茅斯的 260 英里路程，纵轴代表 10:30 到 14:30 的时间经过。

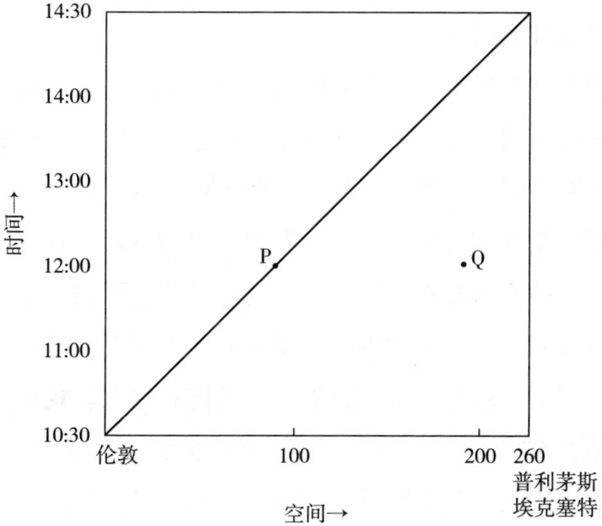

图 4

图 4 中的粗线就是火车行进的轨迹。例如，P 点对应 12:00、火车离开帕丁顿车站 91.5 英里，Q 点则代表同一时刻的埃克塞特某个地方，这个点并不在粗线上，因为此时的火车显然还没有开到埃克塞特。这整个图就代表了从 10:30 到 14:30，帕丁顿车站与普利茅斯之间的一切，换句话说，我们把纵轴的时间和横轴的空间结合起来就得到了包含一维空间和一维时间的二维时空。

同样，我们也可以把三维空间和一维时间结合起来，得到的四维时空就被称为“时空连续体”。明科夫斯基认为一切电磁现象都在四维时空中发生，其中三维是空间，一维是时间，二者是一个整体。换句话说，就像棒球一样，它的运动发生在长和宽共同组成的平面之上，单纯讨论长和宽并无独立的实际意义。同样，自然规律可不会区分谁是时间、谁是空间，单纯考虑哪一个都是不完整且无意义的。

当然会有人反对，说图 4 不能帮助我们想象这个时空连续体。关于这一点，我并不想做过多争论，示意图终归是示意图，它只是为了帮助我们理解四维时空的一个框架而已。

重要的是在四维时空之内，空间和时间不再是客观的，而是具有了一定的主观特性。假设你我的运动速度不同，空间和时间对你的意义就不同于对我的。每个人其实都在使用基于自己定义的空间和时间，就像每个人都有自己的前后左右。我们当然可以让车停下来或者坐上公共汽车，这样我们就改变了自己的速度，与此同时，你的空间和时间也就被重新划分了。这种所谓的划分显然是主观的，大自然并不以这种主观的意志为转移，就好比那个棒球，投手看它是一个方向，击球员看它又是另一个方向，但棒球本身只遵循自然规律，并不知道不同人定义的不同方向。用明科夫斯基自己的话说："单独的时间和空间没有意义，只有时空连续体才是真相。"

说到这里，以太其实已经毫无存在的必要了。曾经人们说以太充满了整个空间，这种说法本就强加了一种"客观"的空间和时间，但是大自然显然不会承认这种分别，当然也不会承认以太存在的可能性。

当然非得咬文嚼字的话，你也可以说我们创造了一种新的以太，即使这样，这种以太肯定也不同于麦克斯韦与法拉第的以太。真要细算起来的话，这种以太应该有四维结构，它在充满整个空间的同时也充满了整个时间，换句话说，这种以太充满了四维的时空连续体，听起来就和麦克斯韦与法拉第的以太不一样，不仅如此，如果我改变行走速度，也就无疑创造了一种新的以太。

不仅如此，既然宇宙是膨胀的，那我们的以太也一定在不断膨胀着。且不说它还能否叫作以太，即使真的还叫以太，那它显然也不再是 19 世纪之前的以太。这一点并不出乎意料，相对论和以太本来就是相反的，那么相对论所能容纳的以太当然也和旧的以太完全相反，既然如此，又何必非得执着地将它唤作以太呢？

而在我看来，德高望重的科学家在这一点上其实并没有分歧。阿瑟·埃丁顿[1]爵士就曾经说过，著名的物理学家分为两派，一派坚信以太的存在，一派则认为以太是子虚乌有。但他后来又说："双方只是在文字表述上略有不同，本质却是殊途同归。"近年来以太最忠实的信徒莫过于奥利弗·洛奇[2]爵士，他曾经写道：

现代物理学无疑是受以太支配的，它有各种形态，也有许多不同的能力。虽然自19世纪以来，"以太"貌似带来了不少麻烦，很多科学家总是在刻意回避这个名词，转而使用所谓的"空间"，但只是名字不同而已，又有什么关系呢？

很显然，最大牌的以太拥趸都无法证明以太存在的真实性，那么叫"以太"或者"空间"当然也就无关紧要，以太是否真的存在同样无关紧要。很多人认为图4只是一种参考的示意图，其实仔细想想，"以太"不也只是一种参考吗？它和热带、北极、格林尼治子午线一样，可以说它存在，也可以说它不存在，它们都是思想的产物，不是触手可及的东西。

我们已经说过，真正的以太不能是你的以太或我的以太，必须是大家的以太，不仅充满整个空间，同样也充满整个时间。时间轴就像是以太的一维时间，它就在手边，我们把一天分为几时

---

① 阿瑟·埃丁顿（Arthur Eddington），英国天文学家、物理学家、数学家。自然界密实物体的发光强度极限被命名为"埃丁顿极限"。——译者注

② 奥利弗·洛奇（Oliver Lodge），英国物理学家、发明家，与赫兹几乎同时证明了电磁波的存在，开发了调频装置，极大地推进了无线电的发展。——译者注

几分几秒，但这种方法显然不是物质的分法，还有什么理由认为以太是一种物质呢？相对论告诉我们，如果有一个物质“以太”充满整个空间，也必然要有同样的物质以太充满整个时间，二者缺一不可。

所以毫无疑问，以太只是一个纯粹的抽象观念，它顶多算是一个名词，再或者就是某个局部的“小房子”。然而是做什么用的小房子呢？宇宙中只有波，人们最初之所以引入“以太”，实际上是为给动词“波动”找个主语，所以现在抛弃这个概念，也没什么好可惜的。以太本身就是一种虚无缥缈的定义，与赤道、格林尼治子午线别无二致。所谓波动能力并不会因为曾经的定义而与生俱来。而且，波动显然没有必要非得依赖于某种非物质介质传播，事实上，当我们谈论热浪或自杀潮时，它们的传播介质呢？没有！但这并不影响赤道可能围绕赤道传播，自杀潮可能沿着格林尼治子午线扩散。

有人会说，我们虽然没有直接证据证明以太存在，但是可以证明有一种波动性的东西穿过了以太，这些证据就是那些显示光的波动性的现象，比如牛顿环、光的衍射等。然而，事实并非如此，我们对所谓的波一无所知，除非有物质粒子向我们揭示出波的存在。刚才说的现象并不能证明有什么东西穿过了以太，只能证明有什么东西落在了物体表面。据我们所知，没有什么比数学抽象更具体的传播了——这就像地球在太阳下自转时，正午在地球表面传播一样。

物理学家当然会质疑，我猜他们与数学家的对话大致如下。

物理学家：门外的阳光代表了太阳辐射出来的能量，8分钟之前这些能量还在太阳上，现在就都到了这里。换句话说，那些阳光所代表的能量一定来自太阳，因此一定经过了太阳和地球之间的空间。所以说能量一定是在空间中传播的。

数学家：还是让我们把问题说得尽可能准确。我们找到一束具体的光，比如这一秒射到这本书上的阳光。照你的说法，8分钟前它在太阳上面，那么4分钟前它应该正好位于地球和太阳的中间，2分钟又到了距我们1/4远的地方，对吗？

物理学家：不错，这就是我所说的通过空间传播，能量从空间中的一点传到空间中的另一点。

数学家：照你所说，随便什么时候，每片空间中都有大小不同的能量，如果真是这样，那么我们就能够计算或者测量某一刻在一片空间中的能量有多少。情形一：假设太阳静止在以太中，阳光在以太中传播，那么你可以得到一个固定的答案A，这并不难，麦克斯韦在1863年就给出了答案。情形二：假设太阳和整个太阳系都在以太中运动着，速度为1000英里/秒，这样就可以得到一个固定的答案B。但问题的关键是，A显然不等于B，那么哪个才是对的呢？

物理学家：很简单！如果太阳是静止的，那么当然是A对，如果太阳每秒运行1000英里，则B对。

数学家：说得好。但是，“静止在以太中”是没有意义的，“在以太中运动着，速度为1000英里/秒”同样没有意义。假如非要给这两种说法赋予某种意义，那么大自然会坚持认为这两种现象所具有的意义其实是一样的。

这段对话告诉我们，如果想把能量分装在一片片的空间中，那么结果只会越弄越糊涂。所以唯一的可能就是我们走错了路，所谓能量在空间中的分配可能本来就是一种幻想。

更何况，所谓能量流的说法本身就是一厢情愿。对于一股水流，我们可以说一滴水一会儿在这里，一会儿在那里，但是能量的情况并非如此。能量在空间中的流动本身就是一种概念性的定义，如果我们将其视为现实，就会发现荒谬和矛盾常常接踵而至。坡印廷①教授曾经给出了一个著名的公式，这个公式试图说明能量是如何流动的，但那显然又是一个概念性的画面，无法证伪也无法证实。例如，把一块普通的条形磁铁通电后静止不动，这个公式能描绘出能量在磁铁周围无休止地流动，就像无数个孩子手牵手绕着“五朔节花柱”②在跳舞一样。

相反，数学家把这种能量流动仅看作一种数学抽象，从而把整个问题带回了现实。事实上，数学家还能走得更远，他们成功地将能量抽象化为纯粹的数学概念——微分方程中的积分常数。如果数学家采取这一方法，那么在特定空间区域内，能量值将可

---

① 坡印廷（Poyinting），英国物理学家，他在 1884 年提出了关于电磁场能量守恒的坡印廷定理。指出在电磁场中，任意闭合面上的坡印廷矢量的外法向分量的闭面积分等于该闭合面所包围的体积中储存的电场能和磁场能的时间减少率减去转化为热能的电能耗散率。——译者注

② 这是一种起源于欧洲的民间传统习俗，五朔节花柱是一根高高的树杆，装饰有鲜花、彩带等物品，五朔节花柱是节庆的焦点，为狂欢者提供了一个跳舞的中心。——译者注

能呈现多样性。这一现象类似于同一地点存在两种时间制度，例如纽约的标准时间与夏令时，或是天文台的民用时间与恒星时间。如果他们不采取这种方式，就不得不捍卫一种站不住脚的立场，不得不接受宇宙其实就是能量以某种具体方式的集合体，或者是物质或者是辐射，不仅如此，能量还不能局限于空间之中的任何地方。

哪怕不考虑相对论，我们似乎也应该放弃“以太”一词了。新的概念应该叫“时空连续体”，指的是我们已经想象过的四维空间，其中三维是普通空间，第四维则是时间。

自然规律所体现出来的事情都发生在时间和空间中，当然也可以用这个四维“时空连续体”来表述。为了定量地讨论这些规律，人们想象出一种非常特殊的时空。人们不再用英尺或厘米来测量长度，而是将基本长度单位选为大约 186 000 英里，也就是光在 1 秒钟内传播的距离。同样，时间的单位也不再是秒，而是 i 秒，i 是 −1 的平方根，数学家也称之为虚数——顾名思义，虚数最早指的就是只存在于想象中的数。

这些测量单位的选择本身就有很强的人为干预色彩，如果有人问我们为什么要采用这些奇怪的测量方法，我的答案是，它似乎就是大自然自己的测量系统。无论如何，这些选择至少能让我们用最简单的方式来表达相对论。

那么，就让我们用刚才听起来有点奇怪的测量系统来构建“时空连续体”吧！明科夫斯基指出，如果相对论假设是正确的，那么自然规律的陈述就不用再区分时间和空间——空间的三个维度和时间的一个维度是绝对平等的，这四个小伙伴一起参与了每一条自然规律的制定。

很快就有人发现，牛顿的万有引力定律好像就不适用于上面的“时空连续体”。所以要么是牛顿错了，要么是爱因斯坦不对！后来人们发现，要修正上述理论，就要想想牛顿没有考虑到的三种新现象。换句话说，大自然给了我们三种不同的方法帮助两位科学家的理论碰撞，三种方法都能证明到底是谁掌握着真理！先说结论，三次获胜的都是爱因斯坦。

其实严格来说，万有引力定律只是一个数学公式，一个能给出物体运动加速度的数学公式。牛顿显然更专注于肉眼可见的力学解释：那就是好像有一种与距离平方成反比的力正在改变匀速直线运动物体的运动状态。因此，牛顿其实是假设这种力真的存在，并将其命名为万有引力。而爱因斯坦则根本不在乎对力的解释，甚至不在乎任何机械解释。在相对论中，他甚至不谈引力，只需要用纯粹的数学也就是几何曲率来考虑问题。所谓引力在爱因斯坦眼里不过是空间曲率的具体表现，因此行星和棒球的运动不是因为有什么力拉着它们不让走直线，而是整个“时空连续体”中的局部曲率在起作用。

想象一个正常的四维“时空连续体”已经够困难了，爱因斯坦居然还说它被弯曲了！好吧，那就接着想象吧！还是回到二维平面上，想象棒球场或者手上的皮肤就是一个二维连续体，所谓空间的弯曲就好比平整的棒球场上有了个小土堆，或者说在手上磨出了个水泡。棒球跑到小土堆旁自然不再走直线，彗星或光线经过太阳的时候也一样。在四维“时空连续体”中，物质使空间发生弯曲，形成了一个有界无限的四维空间。

时间不见了！空间不见了！万有引力也不见了！剩下的只是一个皱缩的连续体！

19 世纪的科学把宇宙简化为只有两种力的游乐场，一种是万有引力，一种是电磁力。前者让万物留在地面，同时也支配着天文学上的一切；后者则控制着所有其他物理现象，光、热、声、内聚力、弹性、化学变化等。既然万有引力不见了，那为什么电磁力会幸存？它们在“时空连续体”中又是什么样儿？尽管这个问题还没有最终解决，但越来越多的迹象表明，或许有一天，它们也会走向与万有引力一样的道路。

外尔[①]和埃丁顿相继提出了完全消除电磁力的理论，并试图将所有物理现象都解释为连续体的几何性质，当然实际上都失败了。爱因斯坦最近也提出了一个类似的理论，人们还在讨论。但可以肯定的是，不论最终胜出的是什么理论，电磁力都会被分解为连续体的一种新型褶皱，电磁力也就和万有引力一样走到了科学生命的终点。如果真是这样，那么宇宙就成了一个空的四维空间，没有物质，没有特征，有的只是大小不同的尺度与强弱有别的褶皱。

① 外尔（Weyl），德国数学家、物理学家，引入了规范的概念，并给出了现在被称为规范理论的第一个例子。1929 年，外尔将标架的概念引入广义相对论。1919 年写了“重力的相对理论报道”，第一次向世界介绍了爱因斯坦的广义相对论。——译者注

到目前为止，我们所谓的能量传播只是连续体中一条凸起的线，就好比前面那道从太阳射来的光，光就是一条凸起的线，时间轴上占了 8 分钟，三维空间里走了 9250 万英里。非但能量如此，一切具体或客观的东西“在空间中的传播”都失去了意义——要想在空间中传播，就要首先客观地把连续体划分为空间和时间——也就是说，我们需要的正是我们禁止的！

总之，就简单而熟悉的事物而言，相对论宇宙应该是最像一个肥皂泡的，它的形状不规则且表面凹凸不平。宇宙不是肥皂泡的内部，而是它的表面。不同的是，肥皂泡的表面只有二维，宇宙泡却有四维，三维是时间，一维是空间。吹出肥皂泡的肥皂水就是那个连续体，也就是与空的时间牢牢焊在一起的空的空间。

第五章
知识的长河

让我们再仔细研究一下这个空空的肥皂泡，现代科学描绘的宇宙可能就是这个样子。它的形状并不规则，表面还有很多凹凸不平的波纹。波纹分成两种，一种里面是辐射，另一种里面是物质，宇宙就是由这二者构成的。

先说说第一种辐射。所有辐射的传播速度都是 186 000 英里 / 秒。如果图 4 中的火车也是匀速运动的，速度是 1 英里 / 分，那它的运动轨迹显然是一条完美的直线，直线与垂直方向呈 45° 角。所有以 1 英里 / 分匀速移动的火车运动轨迹都是这条线的平行线。接下来，把速度单位从 1 英里 / 分改为 186 000 英里 / 秒，用太空中的所有方向取代从伦敦到普利茅斯的一个方向。不难想象，图 4 就变成了一个四维连续体，辐射当然也像火车一样，变成了一条与时间前进方向呈 45° 角的线。

再说说第二种物质。物质在太空中以各种不同的速度运动，但这些速度与光速相比都很小，所以可以近似认为它们在空间中是静止的，只是在沿时间轴前进。也就是说，所有火车都停在了不同的站台，它们的轨迹当然就是与时间轴平行的直线。

宇宙中的物质往往会聚集成大质量的恒星和其他天体，所以代表物质的波纹就会在肥皂泡的表面形成一道道较宽的轨迹，就像画布上的宽条纹。这些条纹被称为“世界线”，如图 5 所示，太阳的世界线描述的就是每个时刻太阳在空间中的位置。

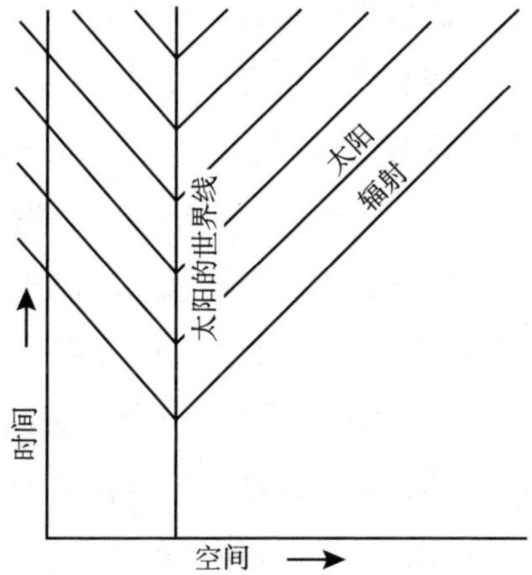

图 5

正如缆绳是由许多细线编成的一样，太阳等大物体的世界线也是无数更小的世界线的集合，那些更小的世界线代表的就是组成太阳的独立原子。当原子被太阳吞噬或喷出时，相应的细世界线也就离开了那条粗粗的类似于缆绳的太阳世界线。

我们可以把整个肥皂泡表面比作一块布，布上纵横交错的经纬就是原子的世界线。一个原子只要没有湮灭，那它的线状世界线就会沿着时间前进的方向贯穿整块布。而一旦原子没有了，那么它就变成了辐射，也像布断了线，端点处总会有小小的毛絮。

宇宙这块布上自然也有很多这样的毛絮，它们飘来飘去，改变着彼此的位置。大自然这台纺织机则掌管着一切，让原子、辐射都按照一定的法则演化，那个明确的法则就是自然规律。

相比于太阳，地球的世界线要更细一点，这条世界线里也有很多更细的世界线，比如山岭、树木、飞机、人等。每一股细的世界线又由更多更细的世界线组成，最后归根结底都是各个原子的世界线。人的世界线和别的世界线并没有什么分别，它也受自然规律支配，看起来没有飞机那么潇洒，但显然比树木要自由得多。人体和树木一样，一开始是一个小东西，后来从外面不断汲取营养、吸收原子并渐渐长大。身体吸收的原子和别的原子并没有什么不同，那些组成山岭、树木、飞机的原子也都一般无二。

不同的是，人体的原子好像有一种特别的能力，能够通过我们的感官向大脑传达印象。这些原子直接影响我们的意识，而宇宙中的其他原子只能通过这些原子的中介间接地影响我们的意识。我们可以最简单地将意识解释为完全存在于画面之外的东西，并且只沿着我们身体的世界线与之接触。

你的意识只沿着你的世界线触摸画面，我的意识只沿着我的世界线触摸画面，每个人都是如此。这种接触产生的效果主要是时间的流逝，人们感觉好像是被拖着走在自己的世界线上，并随之体验线上不同的点，而这些点则依次代表了我们在不同时刻的状态。

然而真实的情况也许是，画面中的时间从来都没有变化过，从来都是自始至终的，就像自行车的车轮。但这并不妨碍每个人看到的不一样，因为车轮触地的每一点都是特别的，所以我们每个人也都会接触到图画中不一样的点。正如外尔所说："这么看来，所谓事件并没有发生，只是我们偶然看到了事件。"两千多年前，柏拉图[①]在《蒂迈欧篇》中写道：

过去和未来都是我们杜撰的时间，千万不要错误地以为这就是宇宙永恒的本质。我们经常说"曾是""现在是""将是"，实际上真正对的只有"现在是"。

换句话说，想象一个正在宇宙画卷表面除尘的拖把，我们的意识就好比被拖把卷进去的一只苍蝇。整个画面一直都在那里，但苍蝇只能体验到它直接接触到画面的那一瞬间，或许它还能记得身后的一部分画面，甚至还能自欺欺人地想象是自己画出了前面的画。

当然，我们的意识可能要好一点，有点像画家在创作一幅作品，意识就像是拿画笔的手指的感觉。如果真是这样，那么所谓意识能够影响宇宙无疑是一种纯粹的幻觉。至于我们的意识到底是怎样领会这幅画的，科学现在能告诉我们的其实很少，科学的主要研究对象是这幅画本身的性质。

我们已经看见了，以前人们认为宇宙中充满以太，现在都知道以太其实只是一个抽象的概念，宇宙不过是一个空洞洞的轮

---

① 柏拉图（Plato），古希腊伟大的哲学家，与苏格拉底、亚里士多德并称"希腊三贤"。——译者注

廓，差不多就等同于一个肥皂泡的二维表面。同样，曾经那些穿越以太的波也变成了一种抽象的概念，或许这些概念本身只是时间在肥皂泡表面上泛起的波纹。

当我们转向构成电子的波系统时，这种一度被视为物质的“以太波”就变得更加抽象。我们曾经试图用“以太”来解释普通辐射，就比如太阳光，后者显然是四维的，除了一维的时间外，还有三维的空间。那既然如此，以太应该也一样。我们还曾经在以太中描述了那个在空间中单个电子的波，但事实上，它已经不再是原来人们想象的那种以太。

显然，孤立在空间中的单个电子是理想状态，它的宇宙是一个完全没有事件的宇宙，并不是真实的宇宙。回到真实的宇宙，最简单的事件应该算是两个电子的相遇。

科学家努力用最简单的术语描述这一最简单的世界，波动力学要求在以太中建立一个具有七个维度的波动系统——六维空间加一维时间。这样的话，如果要描述三个电子的相遇，那就需要一个十维的以太——九维空间加一维时间。如果没有最后一个时间维度做桥梁，那么各种电子都将存在于单独的、不连通的三维空间中。所以，时间就像砖块间的灰泥，让它们彼此相连；而在精神层面上，莱布尼茨[①]的“无窗单体”被普遍的心灵联系在一起。或许更接近现实的是，电子就是思维的对象，时间则为思维的过程。

---

① 莱布尼茨（Leibniz），德国哲学家、数学家，被誉为 17 世纪的亚里士多德，和牛顿各自独立发明了微积分，在法学、力学、逻辑学、地质学、植物学等 40 多个领域都有研究成果。——译者注

波动力学描绘两个电子相遇的七维空间当然纯属虚构，这一点相信大多数物理学家都不会反对。那么，电子的波动当然也是一种虚构。薛定谔[①]教授在描述七维空间时就说："虽然七维空间有其物理意义，但实际上可能并不存在。"所以所谓"波动的存在"或许也不是一般意义上的"存在"，这种存在或许只是一种恰当的数学描述。同样，尽管在单个电子的情况下，"图形空间"和"普通空间"碰巧完全重合，但这也并不能证明电子的波动就真的"存在"。

人们当然会觉得有点奇怪，既然真实性本来就不高，那么为什么要把这种本就不高的真实性归因于一个而不是一组波呢？如果说单个电子的波是真的，成对电子的波则是虚构的，这种说法怎么说来都荒谬不已。当然有人会说，我们有电子波的照片！这还不能证明单电子波的真实性吗？实际上仔细想想就知道，所有波动真实性都是一样的——两个电子的波也好，一个电子的波也罢，哪怕是汤姆孙教授照片上的波——要么都是真的，要么都是想象。

所以有的物理学家也称电子波为概率波来解决这种情况。先说说什么不是概率波，比如说潮水，它是水的物质波，会润湿路上的一切；再比如说热浪，尽管实际上没有什么物质，但好像的确有什么东西让沿途的一切变暖。那什么是概率波呢？举个不恰

① 薛定谔（Schrödinger），奥地利物理学家，量子力学奠基者之一，提出了对应于波动光学的薛定谔方程，奠定了波动力学的基础，系统阐明了波动力学理论，并证明了波动力学与海森伯矩阵力学在数学上是等价的。——译者注

当的例子，比如晚报谈到自杀潮，报纸的意思当然不是说每个人都会自杀，这只是意味着人们这样做的可能性增加了。如果自杀潮席卷伦敦，自杀率就会上升；如果它经过《鲁滨孙漂流记》中的岛屿，那么岛上唯一的居民自杀的可能性也会上升。有人认为，波动力学中代表电子的波可以是概率波，波动在任何一点的强度则可以衡量电子在该点的概率。

所以汤姆孙教授的照片表征的同样也是单个衍射电子在该点撞击版的概率。当一大群电子被衍射时，撞击任何一个点的总数当然与每个电子撞击该点的概率成正比，因此，底版的明暗就变成了衡量每个电子概率的宏观指标。

这种解释有一个很大的优点，那就是它最大限度地保留了电子本身的特性。如果电子波是真正的物质波，那么波本身就会被实验所破坏，小孔后面也就不会有衍射束出现。也正因此，衍射的当然是整个电子束，而不是单个电子，至于单个电子，它还是以粒子的形式运动，并一直保持其本身的特性。

所有这些都符合海森伯的“测不准原理”，我们永远不能说：“一个电子就在这里，千真万确就在这里，还以某某速度运动着！”同样，所有这些与狄喇克的原则也没有冲突，当然，单单凭这两个原则还不能够断定电子波的全部性质。

海森伯和玻尔①指出，这些波动只是一种符号，代表我们对电子可能状态和位置的判断。如果真是这样，那它们就会随着我

① 玻尔（Bohr），丹麦理论物理学家，提出了解释氢原子光谱的玻尔模型，还提出了解释量子力学的互补原理和哥本哈根诠释。——译者注

们知识的变化而变化，换句话说，电子波在很大程度上变成了一个主观事物，我们也就几乎不需要将波定义在空间和时间中，所有波都变成了完全抽象的数学公式。

玻尔甚至还提出过一个更加激进的假设，那就是自然界最微小的现象根本无法在时空框架中表现出来。根据这种观点，相对论的四维连续体只适用于自然界的某些现象，比如自由空间中的大尺度现象和辐射，其他现象则需要走出时空连续体去寻找答案。比如，人们已经初步将意识想象成连续体之外的东西；再比如，两个电子的相遇被描绘成了七维时空。不难想象，完全在连续体之外发生的事情决定了连续体内部的“事件过程”，自然界明显的不确定性可能仅仅是由于我们试图将发生在高维度上的事情强加给四维时空或者三维空间而已。

我们先假设有一种瞎眼的虫子，它的感知只限于地面的二维空间，所以只是偶尔知道地面上有些地方是湿的。而对于健康的人来说，我们能够感知三维空间，还知道地上之所以会湿，是因为刚下过雨，并且可以因此判断什么地方是潮湿的，什么地方是干燥的。可怜那些瞎眼的虫子可不知道什么三维空间，它们不得不把外界的一切全部投射到自己的二维空间内，当然也就不知道地面的干湿分配有什么规律。如果虫子里面也有科学家，所能做的也不过是用概率讨论某个地方干湿的可能性而已，说不定还认为这就是至高无上的真理呢！

依我看来，我们只能说四维“时空连续体”是目前最令人满意的一种解释，但要直接说我们已经找到了真相，这个时机还不够成熟。墙上的影子是三维物体的二维投影，同样的道理，说不定“时空连续体”也是更高维度的四维投影呢！所谓时间、空间中的事，或许真的只是“一串活动的魔术影像”吧。

这样说也许有人会反对，他们会认为我们过于执着于波动力学了，因为波动力学只不过是数学上的一种可能而已。除此之外也许还有别的数学解释，用了别的解释说不定就能得出完全不同的结论。

诚然，波动力学并不是唯一的解释。世界上也不乏别的系统，比如海森伯和狄喇克的矩阵力学。但事实上，所有的系统都不过是同一原理的不同表述，而且表述得更为复杂。客观地说，就解释自然现象而言，德布罗意[①]和薛定谔的波动力学的确是最简单也最真实的。我们知道，一定波长的波动似乎是自然计划中最根本的原理，而波也正是波动力学的基本概念，反倒是在别的系统中，波顶多算是一种牵强的副产品。或许正是因为波动力学最为简单，所以才更有机会一窥自然的奥秘，换句话说，波动力学似乎足以描绘整个自然界，再多一笔都是画蛇添足。

虽然海森伯和狄喇克的学说也能把这幅画画好，但很显然，波动力学更具性价比。归根结底就一句话，如果想用科学描绘大自然的一切，那么数学就是最好的选择。

大多数科学家的意见其实都是一致的，认为这些图画只不过就是一些图画，或者也可以称之为幻想。之所以称之为幻想，是

---

① 德布罗意（de Broglie），法国理论物理学家，发展了光的波粒二象性概念，构思了物质波概念，成为波动力学的主要奠基人之一。——译者注

因为科学并不等于事实。从更广泛的哲学立场上说，20 世纪最伟大的物理学成就是什么？是统一时空的相对论吗？不是。是反对因果律的量子理论吗？不是。是原子的进一步分解或者因此而发现的微观和宏观的不同吗？也不是。

20 世纪物理学最伟大的成就是一种态度，一种承认我们还没有找到真相的态度。柏拉图曾经比喻说，人类好像至今仍然被困在石洞里，我们背对着光，所以只能看到墙上的影子。科学的当务之急显然就是研究这些影子，并且试图用最简单的方法对它们进行分类说明。我们发现，在令人惊讶的新知识洪流中，比其他任何方法都更清楚、充分且自然的就是用数学概念来解释的数学方法。伽利略也说过一句类似的话，即“数学就是自然之书的文字”。的确，自然科学有很多，相对论、量子理论、波动力学等，但数学是最纯粹的，数学家不用在那些分门别类的自然科学中费尽脑力而不能自拔。

现实投在洞穴石壁上的影子也许起初就有很多种，当然大部分的影子在我们看来毫无意义，这就好比一条狗闯进教室，不小心看到了显微镜下正在分裂的细胞，狗可不会管这些有什么意义。我们也一样，在广袤的宇宙中，地球只是沧海一粟，无论从什么角度来看，人类都像是一个意外，与宇宙的主要计划相去甚远。所以我们大可断言，宇宙的全部意义远远超出了人类的经验，或许宇宙的真义本就是无解的。

虽然情况或许真是这样，但这并不意味着我们的探索没有意义。就像那些石壁上的影子，它们当然不是真相，但可以指引我们熟悉石洞内的一切。聪明的人们很快就会发现，如果一个物体落下，那么它的影子也一样会跟着落下，19 世纪以前的科学先驱就是这样做的，靠着这些影子，我们的科学前辈们想到了胶体、陀螺、推力杆以及齿轮。只不过前辈们误以为这些影子就是宇宙本身，以至于他们认为宇宙可能就是胶体或机械的世界。现在我们当然知道前辈们并不完美，甚至连一些简单的现象用经典力学都无法准确解释，比如太阳光的传播、辐射的成分、苹果的坠地、电子在原子核中的绕核运动等。

同样地，棋手们在阳光下下棋的影子也会让我们想起在洞穴里下棋的影子——有时候好像某一方走了一步马，有时候好像某一方王车易位，再或者是别的什么动作，我们相信这些动作不是偶然的。我们当然不能再把外部现实当作一台机器，本质上它变成了一种思想的现实，阳光下的棋手也就变成了我们思想支配的产物。事实上，也只有在那些永远无法直接观察到的现实中才可能找到思想的对应物。

当科学家悉心研究这些现象时，他们并不认为这些石壁上的影子毫无意义或者代表什么我们一无所知的事物。相反，那些在阳光下下棋的人显然要厉害得多，他们貌似很熟悉在石洞内下棋的规则。自然界最熟悉的恰恰是纯粹的数学原则——那些数学家不借助外界经验纯粹用意识推导出来的数学原则。

我们在这里说纯粹的数学，是为了和应用数学有所区分，后者可以说是人们观察总结的结果。笛卡儿就曾想找一个不受此影响的思想产物，他给出的例子是三角形的三个内角总和始终等于

180 度。其实这个例子并不恰当，更好的例子比如概率、虚数或者多维几何等。这些都是数学家纯粹抽象思维的结果，形成过程中几乎没有受到任何外界的影响，也没有从人类的经验中寻求一丁点儿的帮助。换句话说，它们就是“一个由纯理智创造的独立宇宙”。

我们忽然发现，墙上那些影子的游戏规则仿佛都来自纯粹的数学，所谓瓜熟蒂落是数学，潮涨潮落是数学，电子在原子中的运动也是数学，等等。纯粹的数学是如此熟悉这些规则，事实上，早在墙上的棋影出现之前，这些规则就已经在那里了。

当我们试图发现那些藏在影子背后的现实本质时，困难也接踵而来，除非我们能找到一个绝对客观的标准，否则所有关于终极本质的讨论都必然是徒劳的。用洛克①的话说，“物质的真正本质”或许永远都是个谜。我们只能一边观察事物的演化，一边比对脑中抽象的概念，一步步找寻支配物体变化的自然规律。

想象一位双耳失聪的工程师会怎样研究一架钢琴，他当然首先尝试将其解释为一台机器，很快就会发现人们会反复连续敲击第一、第五、第八、第十三音阶的键。虽然我们的工程师听不见，但并不难想象这是一组美妙的和弦，还有一些没有那么频繁出现的组合自然是其他和弦。这样他就和钢琴的创作者之间有了思想上的联系，他甚至可以说，钢琴是由音乐家的思想而产生的。

---

① 洛克（Locke），英国哲学家和医生，其心理理论经常被称为现代身份和自我概念的起源。——译者注

为了研究宇宙，科学家们皓首穷经，最终的结论却是：宇宙好像是由一个纯粹的数学家设计出来的——这么说当然过于草率，也有点儿主观臆断，但老实说，我们只有尘世的经验，除此之外难道还有什么别的语言可以选择吗？

这种说法当然难逃质疑，因为我们显然只是在根据先入为主的想法塑造自然。反对者会说，音乐家可能是个音乐痴，他会设法将每一件机械装置都解释为乐器，甚至如果他在楼梯上摔倒了，也会顺次撞在第一、第五、第八和第十三级台阶上，还说这也是一种音乐。同样，一个立体主义画家自带“立体眼镜”，哪怕自然是那么丰富多彩，他也只能看见立方体。所以反对者当然也会说，你说是纯粹的数学家设计了这个世界，怎么不说他是戴了副自己设计的“数学眼镜”呢？

我不禁想到了康德[①]，康德曾经仔细研究过人类认识自然的各种感知模式，他指出，人类特别倾向于用数学的眼光来看待自然。康德还认为，我们往往只能看到数学世界也是由于内心的偏见，就像一个戴着蓝色眼镜的人只能看到蓝色的世界一样。难道我们重蹈覆辙，又一次回到了原点吗？

稍作思考就会发现，这显然不可能是故事的全部。对自然的全新数学解释不可能都在我们看待外部世界的主观方式中，因为如果真是这样，那我们早就应该看到了。一个世纪以前，人类的思想与现在相比并无本质变化，科学观的巨大变化不是因为人类

① 康德（Kant），德国哲学家、作家，德国古典哲学创始人。——译者注

的思想发生了变化，而是因为科学知识取得了巨大的进步，我们在自己之外的客观宇宙中发现了一些新的、迄今为止未知的东西。

我们遥远的祖先试图用他们自己创造的拟人化概念来解释自然，但失败了。再之后，不那么远的祖先试图在工程上解释自然，有进步但是更多的还是不足。大自然拒绝接受这两种人造模型中的任何一种。而到目前为止，我们用纯数学的概念解释自然的努力取得了巨大的成功。毫无疑问的是，在某种程度上，大自然显然更喜欢数学，即使数学解释只是第三种人造模型，但与生物学或工程学的概念相比，它至少比之前尝试的两种模型更符合客观自然。

一个世纪前，当科学家试图用经典力学的方式来解释世界时，谁也不敢说经典力学注定是不合适的——在投影到纯数学的屏幕之前，我们并不知道宇宙的意义，而如果他们真的拿出了令人信服的论据，甚至也就没有了后来"路漫漫其修远兮"的科学探索之途。

哲学家当然可以说："你发现的东西并不新鲜，我原来就可以告诉你，它一直就是这样！"科学家就可以合理发问："那么，当我们需要发现一些真正有价值的信息时，你为什么不这样告诉我们呢？"

我们的论点是，现在的宇宙似乎就是数学的，这一点与康德所设想的有着本质的不同——简而言之，数学不是一点点地构成了目前的宇宙，而是自始至终都在宇宙之上。

从某种意义上说，我们能看到、听到、感知到的一切都是数学的。数学最简单的形式是算术，这是一门关于数字和数量的科学——算术润物细无声地渗透在生活的方方面面，由会计、盘点等算术运算组成的商业某种意义上甚至变成了各种数学职业，但这些数学与“宇宙是数学的”的数学有着本质的区别。

让我们举一个不那么遥远、更少幻想的例子。50 多年前，有个非常热门的话题——火星通信，科学家想让火星上的生命知道地球上也有生命，但困难的是我们并不懂火星文，也不指望火星人能理解地球上的某种语言，这怎么办呢？有人就建议说，最合适的语言当然是数学；有人建议在撒哈拉沙漠中点一串烽火，烽火的内容就是著名的勾股定理——直角三角形两直角边的平方之和等于斜边的平方。这样的记号对于火星上的居民当然没有意义，但是火星上也会有数学家，他们就一定知道这些烽火也是出自数学家之手。实际上，这么做和在岩洞里观察墙上的影子没有任何分别。浑浑噩噩的普通人当然不知道它有什么意义，但对于研究数学的人来说，这就是他们的日常，委实是再熟悉不过了。

纯粹的数学和应用数学有着本质的区别，前者始终就在宇宙的结构之中，我们只是发现了它，而后者则是我们借助宇宙中的各种现象发明并且付诸日常生活的。如果纯粹数学也来自应用数学，或者是从应用数学中引申出来的，那我们就绝不可能得到上面的结论。有些人甚至说，纯粹的数学并不是智慧的产物，而是人们潜意识中对自然的探索结果，如果真的是这样，那么纯粹的数学与自然活动的高度契合还有什么好奇怪的呢？

当然，我们承认纯粹的数学借用了一些应用数学的结果，最好的例子就是“数量”这个词本身，再比如说多维几何空间，实际说的至少也是三维空间。但是，这些也许只是巧合，比如“数量”确实太基础了，大自然不可能没有数量，只不过应用数学恰好较早发现了它而已。更多纯粹的数学或许早就在我们的潜意识里，绝对不会是应用数学的延伸，比如弯曲空间或空间的膨胀。

不管怎么说都无法否认，大自然好像和我们的心灵是相通的。大自然并不在乎我们的情绪欲望，也不研究我们的身体活动，人与大自然的窗口就是心灵。或许是我们的意识在影响大自然，又或许是大自然在影响我们的意识，总之二者是相通的，宇宙一定是数学的宇宙。我们甚至可以拍着胸脯说，创造宇宙的既不是生物学家，也不是工程师，如果造物主真的存在，那他也一定首先是个数学家。

私以为，思想的火车甚至还可以进一步驶向远方，当然这很困难，即使思想再进步，文字也无法逃脱经验的牢笼。地球上的数学家关心的不是什么是物质，而是纯粹的思想，数学不仅仅是思想的产物，甚至可以说只包含思想本身。实际上，目前公认的必须要了解的基本概念的确都是思想的产物，有限的空间是这样，完全真空的空间是这样，四维、七维甚至七维以上的空间也是这样，一直膨胀的空间还是这样。事件也不例外，无法用因果律解释只能归诸概率的事件当然是这样，必须跳出时空才能解释的事件必然也是这样。

我们经常讲空间是有限的，于是就有人拿着有限空间的观念大做文章，说我们自相矛盾、毫无意义。他们的论据大都是这样的：第一，如果空间是有限的，那就应该可以越过这个界限，界限以外的就不再是空间，这个推论始终成立，所以空间就绝不可能是有限的；第二，如果空间在膨胀，那么它就只能膨胀到别的空间去，这就证明了膨胀的只是一部分空间，而不是全部的空间。

做出这些评论的人的身体虽然已经进入了 20 世纪，但思想还停留在 19 世纪，他们的论据都有个大前提，那就是宇宙一定可以用物质来形容。我们如果承认这个前提，那他们的逻辑的确无法反驳，但现代科学否认了这个大前提，这当然意味着我们必须否认我们的批评者在不知不觉中假设的前提。宇宙绝不能用物质来形容，我认为原因在于它已经变成了纯粹的精神概念。

还有一些特别的观点在我看来也是一样的，最典型的莫过于所谓的“不相容原理”[①]，该原理隐约认为时空之内存在一些“超距作用”，仿佛宇宙中的一部分好像知道别的遥远的部分在做什么，同时还会根据这种判断调整自己的状态。其实在我看来，宇宙很潇洒，自然规律显然不同于机器运动，倒是更像音乐家的旋律或者诗人创作十四行诗所遵循的规律。电子和原子的运动也不是什么火车头的某一部分，而是更像沙龙舞中的舞者——甚至在

---

① 又称泡利原理、泡利不相容原理，是微观粒子运动的基本规律之一。该原理指出：在费米子组成的系统中，不能有两个或两个以上的粒子处于完全相同的状态。本书作者并不认同该原理，主要是源于当时的历史局限性。——译者注

哪儿跳舞都不重要，无论是在沙龙中、电影屏幕上还是薄伽丘[①]笔下。就现有的语言来说，可能宇宙最像的就是一种纯粹的思想，尽管这还很不完善且不充分，但由于缺乏一个更广泛的词，所以我们必须把它描绘为一个数学家的思维。

如此说来就牵扯到了精神与物质这个问题的核心。比如远处的太阳会因原子湮灭而发光发热，光和热在所谓的以太中走 8 分钟，其中的一部分射入你我的眼帘，在视网膜的作用下，通过视觉神经传达到大脑。心灵于是有了一种别样的感觉，活跃的思想随之而来，结果变成了一种诗意——你感叹“夕阳无限好，只是近黄昏”，我吟咏“大漠孤烟直，长河落日圆”。

这里其实有着一连串的事物，姑且记为 ABCDE……XYZ，A 代表诗意，连接着思想 B，再连接人脑 C，然后是视觉神经 D，最终归结到太阳中的原子湮灭 Z。我们可以说 A 是发端于 Z 的，就像钟声是因为我们拉动了长长的钟绳。后者很好理解，因为不论多长，总有东西环环相连；但原子的湮灭又是如何产生诗意的思想的呢？我们很难解释，因为与肉眼可见的钟绳相比，这个从 A 到 Z 的链条中有太多接不上的地方。

也正是因为这个，笛卡儿坚持认为精神和物质之间是无路可通的，并由此提出了“心物二元论”，即世界存在着两个实体，一个是只有广延而不能思维的“物质实体”，另一个是只能思维

① 薄伽丘（Boccaccio），意大利文艺复兴运动代表，人文主义作家，诗人，与但丁、彼特拉克并称为佛罗伦萨文学“三杰”，代表作有《十日谈》《菲洛柯洛》《苔塞伊达》。——译者注

而不具广延的“精神实体”，二者的性质完全不同，各自独立存在和发展，互不影响且互不干涉。

伯克利[①]和其他唯心主义哲学家也都同意笛卡儿的观点。但这种同意应该只是部分的，他们认为如果精神和物质的性质不同，那么二者的确不会相互作用；他们同时又坚持认为二者的确在相互作用，所以按照笛卡儿的理论，物质的本质必须是思维，而不是延伸。

说得更具体一些，伯克利认为因和果必须有相同的性质，在那个 ABCDE……XYZ 的链条中，如果 B 产生了 A，那 A 和 B 必须有一样的性质，C 和 B 也一样，整个链条都是这样。而在这个链条上，我们能直接知道的只有两端——那就是思想 A 和感觉 B，其他 XYZ 等的存在和所谓的性质都是我们推论的结果。伯克利于是坚持认为 XYZ 等必须和 AB 有着一样的性质，并认为它们必然具有思想或观念的性质。就像笛卡儿的那句名言，“我思故我在”——东西也一样，如果我们想着某样东西，它就在我们心里；但是这并不能证明，如果我们不想它的时候这个东西依然存在。

这种说法同样遭到了人们的质疑，反对者举了冥王星的例子：当人们还不知道冥王星的时候，它就已经存在了，虽然我们肉眼没有意识到它的存在，但是照相底片上确确实实记录到它的存在。于是，伯克利又设想了一个不朽的人物，说万物都存在于这

① 伯克利（Berkeley），爱尔兰哲学家，被誉为唯心主义哲学之父，伯克利力图证明洛克和牛顿的唯物主义思想从其自身假设出发都是站不住脚的，最著名的格言便是“存在就是被感知”（esse est percipi）。——译者注

个不朽的人物心中，这位唯心主义哲学家写道：

天上的一切星宿，地上的一切陈设，总之，构成大宇宙的一切物体，在心灵以外都没有任何存在，它们的存在就是被感知或被知道。如果不在你我的感知之中，也一定存在于某位不朽的神祇心中。

从这个意义上说，现代科学好像有点和唯心主义殊途同归了。生物学研究了链条上 A、B、C、D 等的前端环节，倾向性的结论就是，这些环节真的都具有相同的性质。当然他们会说，C、D 是机械的和物质的，那么 A、B 也一定是机械的和物质的，但反过来呢？——如果 A、B 是精神的，那么 C、D 也一定是精神的，好像也没什么问题。

物理学几乎不研究 C 和 D，而是直接进入链条的远端，它的任务是研究 X、Y、Z 的作用，研究的结论与生物学如出一辙：无论是宇宙还是原子的最内部结构，链条的末端环节也与 A 和 B 有着相同的性质，即纯粹的思想的性质。

换句话说，我们反其道而行之，却得到了与伯克利相同的结论。正因为如此，我们首先谈到了伯克利的三种选择中的最后一种，相比之下，其他的就显得不那么重要了。对象是否“存在于我的头脑中”，或者是否“存在于任何其他被创造的精神中”，这些都并不重要，重要的是，它们的客观性源于它们存在于“某个永恒精神的心中”。

这是不是意味着我们正在完全抛弃现实主义，取而代之的是一种彻底的唯心主义？并不是。我认为，这么说应该算是一种曲解，是一种对形势过于粗暴的表述。如果“物质的真正本质”确实超出了我们的认知，那也只能说现实主义和唯心主义的界限确实变得非常模糊。它只不过是旧时代的遗物，或许在那个时代，机械论与经典力学让我们一度相信那就是现实。客观现实毫无疑问是存在的，因为某些事物以同样的方式影响着你我的意识，但这并不意味我们有权给它们贴上“真实的”或者“思想的”标签。

真正的标签应该是“数学的”，前提是我们需要同意数学就是纯粹的思想，而不仅仅是专业数学家的研究成果。而且这样的标签仅仅意味着它们的行为方式，并不能回答事物的最终本质是什么。

我们所选择的标签当然不会把物质归入幻觉或者梦的范畴。物质世界依然丰富多彩——科学如是，哲学亦如是！

“真实”其实也是一个纯粹的心理概念，衡量的是物体对我们触觉的直接影响。比如我们会说，一块石头或一辆汽车是真实的，而回声或彩虹则不是。实际上无论怎么看，石头和汽车都是一堆坚硬的粒子集合体，我们当然也可以把它们同数学公式、思想或空无一物的东西联系起来，但这就能说明它们不真实吗？就能说它们不是实体的东西吗？显然不能。

据说，约翰逊博士就曾经试图反驳伯克利的哲学思想，办法是用脚猛踢一块石头，说：“不，先生，我这样来反驳它。”好像这样就能证明伯克利是错的，这个小小的实验当然与它所要解决的哲学问题毫无关系，它只是证明了物质的实体性。无论科学如何进步，石头始终是实体性的物体，石头和类似的物体就构成了我们定义真实性的标准。

当然，咬文嚼字的人另有说辞，比如某一天，他碰巧踢到了一顶帽子而不是一块石头，帽子里又正好有某个顽皮的小孩放的一块砖头，他或许认为这样就可以推翻伯克利的结论。他们会说："意料之外就是外部现实的充分证明！"还会说："第二个证据就是变化与永恒的关系，很多东西在你的记忆里一直没有变，但外界现实则一直在变！"

老实说，这种论点显然只能反驳唯我论，即所谓"一切都是自我意识的创造，不存在于别人的意识中"，唯我论当然是错的，生活中很多事情都能证明。所谓"意料之外"及其类似的论据显然无法与宇宙意识相抗衡——你我的思想、"意料之外"的思想或者那些被"意料之外"吓到的思想，无一不是宇宙意识的产物，就好比每个单独的脑细胞都无法了解整个大脑中经过的所有思想。

然而，虽然我们的确没有衡量真实性的绝对客观标准，但这并不妨碍我们可以比较两个事物的真实性。比如说有时我们会做梦，梦里踢到了一块石头，脚疼痛不已，于是就在脚痛的情况下醒来，你会发现梦中的石头不过是内心创造出来的，它可能起源于脚上的某种神经刺激。这块石头显然是虚幻的，是梦中的事物，真实性当然无法与约翰逊博士那块石头同日而语。

我们还有理由说，相比于大家都认同的心中创造出来的东西，个人心中创造出来的东西的真实性要弱一点。类似地，梦中空间和日常空间的真实性当然也有差别。后者，对我们所有人来说都是一样的，是宇宙心灵的空间。时间也是如此，醒着的生命的时间，对我们所有人来说，以同样均匀的速度流逝，是宇宙精神的时间。我们还可以把醒时现象所遵循的规律，即自然规律，看作宇宙精神的思想规律。自然界的一致性表明了这种思想的自我一致性。

这种纯粹思想形成的宇宙观为我们研究各种物理现象提供了新的视角。我们由此知道，所谓充满空间的以太其实就像地球仪上纵横交错的经纬线，它们都是一种数学抽象。不仅如此，这种思想还帮助我们理解了整个宇宙，让我们知道为什么宇宙作为一个整体是守恒的，为什么宇宙能量是守恒的，因为这一切都不过是数学抽象出来的积分常数而已。

这种观念其实也意味着，数学掌管着宇宙的一切，一切现象都可以用数学来解释——随便说一种现象，如果你能用数学去解释它，那就代表你搞通透了；如果不能，而且还要夹带一些别的辅助技巧的话，那就意味着还有未尽的知识盲区。有时候，我们会借助一些模型或图画，且不说那些模型或图画可能并无裨益，即使侥幸行得通，也不能证明我们真的填补了知识的盲区。

相比于纯粹的数学，模型和图画并没有更接近真相，反而是倒退了一步。以赫尔墨斯[①]的雕像为例，人们当然希望这个雕像

① 赫尔墨斯（Hermes），古希腊神话中的商业、旅者、小偷和畜牧之神，奥林匹斯十二主神之一。——译者注

可以代表赫尔墨斯的全部特征——信使、传令官、音乐家、小偷等，他们看起来都是一个样子的。有人说，赫尔墨斯是帮助我们理解它的人，但我们没有权利期待这一点；还有人说，赫尔墨斯是风，那他的一切特性一定可以用一个方程式表示。数学家当然知道怎么在方程式里发掘一切，什么情况代表风在传信，什么情况代表风在发声，什么情况代表风在吹纸片……他不需要一个赫尔墨斯的雕像来揭示这些，如果真的要靠雕像，一个可不够，说不定得有一大排。可笑的是，一些物理学家还急不可耐地想把波动力学可视化，真是缘木求鱼，不可理喻！

简而言之，一个数学公式能告诉我们物体是什么样子，它会怎么样，但却无法告诉我们它是什么。数学只能揭示物质的性质，而且具体到微观的粒子，二者是否真的完全吻合还需要进一步考证。

这种想法让很多近代物理学中的困难或者矛盾迎刃而解。比如说光，我们不再纠结光到底是一种微粒还是一种波动，只要有一个数学公式就可以形容光的一切行为。根据我们的心情和当时的情况，我们可以把它想象成粒子或波。在我们认为它是波的日子里，如果我们愿意，可以想象有一种以太来传递波，但是这种以太每天都在变化，我们已经知道每次运动速度变化时它是如何变化的。同样我们也不用再去讨论电子波到底是在三维空间中还是在更多维的空间中，这种波动也完全可以用一个数学公式来表达，而这个数学公式自然会指引我们找到最后的真相。就像海森伯和狄喇克说的，这个数学公式可以是三维的，也可以是六维的，甚至可以是更多维的，其实不管几维都不重要。当然最简单的办法是每个电子波都是一个三维空间波动。而关于宇宙，最简单、最贴合实际的解释好像就是三维空间物质和四维时空事件的集合，但真相确实如此吗？我们也不知道。

前面曾经说过，意识和时空的关系就像车轮和道路的接触，行文至此，相信大家应该不难理解，反过来也可以，比如说意识和意识创造物的接触，与看书、听曲并无区别，道理也是一样的。有的时候，我们会想象一些可怕的东西，或者别人会形容给我们一些他们想象到的可怕的东西，这其实都没有什么好害怕的。

杜·莫里耶[①]笔下，彼得·艾伯特逊和托尔斯公爵夫人就一直在建造巨大的梦幻宫殿和梦幻花园，而且规模越来越大，但他们没有对自己精神上创造的庞大规模感到恐惧，宇宙的浩瀚让人感到的应该是满足而不是畏惧。人类并不是普通城市的公民，我们不必为有限空间而感到困惑，它就像我们梦中的高墙，包罗了人类所能想到的一切。

对于时间也是如此，像空间一样，时间的范围也是有限的。我们经常说亘古以来，但许多迹象表明，其实亘古也有源头，至少追溯到很久很久以前，我们会发现，连宇宙都不存在。这一点并不意外，大自然不喜欢永动机，宇宙必然也不是永恒的。

---

① 杜·莫里耶（Du Maurier），英国小说家、插画家，著有《软帽子》《彼得·艾伯特逊》等。——译者注

仔细想想就不难明白，热力学向我们展示了“熵增”的无处不在，一切事物都会在“熵增”中走向自己的宿命。熵必须永远增加，它甚至不能停滞不前，直至不能再增加为止。当所有事物都到达这一阶段后，一切也就都停止了，宇宙也会走向自己的终点。所以说，只要热力学是对的，那么大自然就只允许一种静止存在，这种静止就是消亡。

也有少数持不同意见的科学家，他们并不否认恒星正在消亡，并不否认物质会最终转化为辐射，但他们坚持认为，在太空深处的某个地方，这些辐射会再次聚合成新的物质。换句话说，新的天地可能正在建造中，原料不是消亡者的灰烬，而是消亡者飘向远方的辐射。所谓的“轮回宇宙”粉墨登场，他们把宇宙描绘成一种循环的状态，这个宇宙在一个地方渐渐死亡，它死亡的产物正忙于在其他地方产生新的生命。

循环宇宙的概念其实完全违背了热力学第二定律，后者告诉我们，熵必须永远增加。所以循环宇宙绝不可能存在，就像永动机永远只是个梦。我们当然不否认在某个我们不了解的地方，热力学第二定律可能会失效，但实际上，即使最严谨的科学家也认为这种可能性微乎其微。不过这并不影响循环宇宙的概念广为流传，大多数人都无法接受宇宙的“热寂”，也难怪，我们同样憎恶着自己人格的消亡，或许循环宇宙也是另一种关于不朽的期望吧！

主流的科学观点是，宇宙的熵必须不断增加，最终达到它的最大值。就现在而言，宇宙的熵还在迅速增加。也就是说，这种增长一定有个起点，在某个并不那么遥远的时刻，一定存在一个

“创世时代”。

如果宇宙是一个思想的宇宙，那么宇宙的创造也一定是一种思想的行为。事实上，时间和空间都是有限的，这种有限性几乎迫使我们把创造本身描绘成一种思维活动。很多常数的确定都有思想的印记，宇宙半径是这样，宇宙中包含的电子数也是这样，思想的丰富性也正是由这些几乎无限的东西予以衡量的。时间和空间作为思想的背景，必然是创造这一行为的一部分。

按照原始宇宙论的说法，造物主是在空间和时间中工作，用已经存在的原材料锻造了太阳、月亮和星星。而在现代科学理论中，造物主无疑在时间和空间之外，时间和空间也是他创作的一部分，就像艺术家的画布一样。正如奥古斯丁所猜想的：“上帝不是在某个时间内创造了世界，上帝同时创造了世界和时间！”这种思想甚至可以远溯至两千多年前的柏拉图，他说：

> 时间和天空一定同年同月同日生，为的就是同年同月同日死——上帝创世之时所想的就是这样！

关于时间，我们知道的确实太少，所以才会将其与创世时代做比较，努力在思想的宇宙中为其找到一把物质的标尺。

有人也许会反对，说上述结论的前提就不一定正确，数学也许并不是宇宙的唯一解释。有些人还会质疑我们的比喻，认为将宇宙形容为一局棋只不过是为了方便而已，换作别的比喻也未尝不可。关于这点，我可以很确定地说，下棋的比喻是最简单、最完备且最贴切的。不会下棋的人只能说："桌子上有一只白木雕成的马头，它从底格的前两格移向左方，再移向……"会下棋的人则会说："白方，KN1 到 KB3。"① 后者不仅言简意赅，包含的内容也远比前者要丰富。

每个人的知识储备毕竟是有限的，所以科学解释越简单就越方便人们接受。数学解释的优点则不仅是简单，更可能是真相。我们承认数学也许不是最后的答案，但至少迄今为止，它无疑是最好的选择，因此，根据我们目前掌握的知识，它无疑也是最接近真理的选择。

有些人当然会不以为然，觉得数学也许只是个跳板，科学的巅峰说不定还是某种新的机械解释，数学只是让我们在半山腰歇歇脚而已。经典力学在很多人心中根深蒂固，我们早年所受的科学训练是经典力学框架下的，日常规律也的确基本遵循经典力学。而仔细想想就知道，以经典力学为代表的机械论显然已经出光了所有的牌，依然要狼狈地接受失败——什么是最好的答案，的确可能不是数学，但怎么看都不会是机械学。

其实我们不应该忘记，讨论这一切本就隐含了概率的思想。

科学家并不容易，有些人责备他们的观点朝三暮四，有些人还会含沙射影地说："科学家的话听听就罢了！"其实真正的知识探索和小马过河没有分别，所谓探索当然不限于"干流"，偶尔蹚进一条支流本就无可厚非，你不亲身试试，怎么就能肯定它一

---

① 原文误为"Kt to KB3"，也不排除是后来印刷时候版本的错误，这里根据上下文译为"KN1 到 KB3"，指的是国际象棋中白方马的移动。——译者注

定是支流呢？更何况，河流从来都是蜿蜒曲折的，探索者自然会有时向东，有时向西。说不定某个时候，他就在顺流西下，当然会猜测“真相的海洋一定在西方”；再后来，河流折向东边，他也只能改口，说“真相好像在东方”。

过去的30年间，科学发展可谓日新月异，快到貌似已经无法判断知识之河究竟会流向何方的地步了。科学家们曾经纷纷“蹚入河中”，但知识之河越来越浩渺无垠、千回百转，历经一次又一次的失望之后，曾经的他们不再意气风发，再也不肯在河流转弯处做出判断，说自己“已经听见了海的声音，闻到了海的气味”。

老实说，我也一样诚惶诚恐，但我相信知识之河这几年一定会急转弯。30年前，我们无不以为旅行的终点就是以经典力学为代表的机械论。人们认为这个世界就是一群杂乱无章的原子，原子跳着毫无意义的舞，最终都会走向消亡。物质世界的无序游戏让生命也坠入了这个完全机械的世界中，生命中的原子与大自然的原子并没有本质的不同，或许在宇宙中的某个角落或某几个角落，一些原子恰巧产生了意识，但这些意识依然逃不出力学的支配，最终的宿命就是被冰封在寒冷的宇宙中，与宇宙一起，留下没有生命的世界。

而30年后的今天，知识之河显然已经离机械论越来越远，物理学如此，化学也一般无二。宇宙不再像一台巨大的机器，更像是一个伟大的思想，人的精神也不再是闯入物质领域的不速之客。一些人甚至开始想象，我们的意识是否就是物质领域的创造者和统治者。这里的意识当然不是指某一个人的意识，每一个人的意识显然源于构成身体的原子。但每一个人身体的原子则存在于一个大的普遍意识中，物质领域的创造者和统治者指的就是这个大的普遍意识。

回到本书的开头，我们一度以为生命是不小心走进了充满敌意的宇宙，行文至此，或许不得不矫正这种鲁莽的悲观思想。想想就知道，之前的悲观显然源于旧日的心物二元论——那个已经消逝在历史长河中的心物二元论——它的消逝并不是因为物质不存在了，也不是因为意识成为物质的作用结果，而是因为人们貌似已经证明，物质起源于意识，物质是意识的表征。

我们发现宇宙的设计及其支配万物的情形与意识有着很大的相似之处，这种相似不是情感、道德或者美的欣赏，而是思维方式的倾向，我们称之为“数学”。宇宙的确对生命不够友好，其间充斥着对生命满是敌意的陌生人或入侵者，但究其根本来说，宇宙的活动与生命几乎就是一对孪生兄弟。

也许，我们并不是宇宙的不速之客或他乡游子，大家仿佛可以想象，当原始黏土中毫无生气的原子开始孕育生命时，它们并没有离宇宙远去，反而进一步接近了宇宙的本性。

至少在今天，我们可以鼓足勇气，写下这揣测的结论——是的，严格地说，本书中的一切都是揣测，我们努力用今天的科学回答了一些很难的问题，但谁也不知道知识之河还会转多少次弯，再或许那些问题本身就是人类智力无法企及的。

我们只能说，在茫茫的暗夜里，科学家们努力凝视着一点黯淡的微光，再或许那甚至真的只是幻象吧！知识之河依然在蜿蜒曲折着，科学之舟漂流其上，只知道“生也有涯，而知也无涯”，或许科学从来就没想过旅程的终点，有的只是无尽的探索。